高校土木工程专业规划教材

# 土木工程施工

张国联　王凤池　主编
朱浮声　主审

中国建筑工业出版社

图书在版编目（CIP）数据

土木工程施工/张国联，王凤池主编. —北京：中国建筑工业出版社，2004
高校土木工程专业规划教材
ISBN 978-7-112-06165-5

Ⅰ.土… Ⅱ.①张…②王… Ⅲ.土木工程—工程施工—高等学校—教材 Ⅳ.TU74

中国版本图书馆 CIP 数据核字（2003）第 115608 号

高校土木工程专业规划教材
## 土木工程施工
张国联　王凤池　主编
朱浮声　主审

＊

中国建筑工业出版社出版、发行（北京西郊百万庄）
各地新华书店、建筑书店经销
廊坊市海涛印刷有限公司印刷

＊

开本：787×1092 毫米　1/16　印张：12¼　字数：296 千字
2004 年 1 月第一版　2019 年 11 月第二十二次印刷
定价：32.00 元（含光盘）
ISBN 978-7-112-06165-5
（21756）

**版权所有　翻印必究**
如有印装质量问题，可寄本社退换
（邮政编码　100037）

本社网址：http://www.cabp.com.cn
网上书店：http://www.china-building.com.cn

本教材主要根据高等学校土木工程专业本科"土木工程施工"课程的教学大纲编写的。全书总计30万字，符合土木工程施工课程涵盖面广、课时较短的特点。除绪论外，本书分为12章，内容包括：土方工程、桩基工程、块体砌筑、钢筋混凝土施工、构件吊装、建筑结构施工、桥梁结构施工、路面施工、隧道施工、流水施工、施工组织以及网络计划技术等。

通过对本课程的学习，能够使学生深刻领悟土木工程的施工方法和施工原则，了解土木工程施工的特点，为学生毕业后从事土木工程施工奠定基础。另外，本书配备教学光盘，内含多媒体教案、计算实例和演示等，可供授课教师参考。

本书可作为高等院校土木工程专业本科的教材，也可以作为高等专科学校、高等职业技术学院的教学用书。同时，本书也可以作为从事土木工程施工的技术人员的参考用书。

\* \* \*

责任编辑：王　跃　吉万旺
责任设计：孙　梅
责任校对：刘玉英

# 前　言

　　1998年教育部颁布了新的专业目录，将建筑工程专业拓宽为土木工程专业，涵盖了原来的建筑工程、交通土建等8个专业的内容，很多高校从1999年起就开始按土木工程专业招生。

　　《土木工程施工》作为土木工程专业的主要专业课，是研究土木工程施工技术及施工组织一般规律的学科。为适应"大土木"的专业要求，《土木工程施工》也必然要包括建筑工程、道路与桥梁工程、隧道工程等专业领域。与原来《建筑施工》相比，其涵盖的内容更广，范围更宽。但由于土木工程总的专业内容增加了，而本科生总学时数不增加，使得《土木工程施工》的课时数不仅不能增加，而且还要减少。

　　《土木工程施工》是一门实践性比较强的课，为了提高学生学习的兴趣，增加学生的感性认识，我们对土木工程施工的教学方法进行了一系列的改革，引进了录像教学、实物模型教学以及多媒体教学"三位一体"的立体教学新模式，收到了良好的教学效果。

　　基于对上述问题的探索与实践，我们在参考高等学校土木工程专业指导委员会2002年10月制定的《土木工程施工》教学大纲的基础上，结合多年的教学经验，对土木工程相关施工课程的内容进行大幅度的重组，并编写了这部教材。

　　本次教材编写的思路为：(1)总字数约为30万字左右；(2)重点突出土木工程施工的共性内容，删掉了一些不具共性的、材料主导性的施工内容；(3)对房屋和桥梁结构的施工方法，进行了重新组合：把材料和构件施工方法与整体结构施工方法分开，从材料和构件出发介绍施工技术，包括设备、工艺、技术标准等，从结构整体出发，介绍不同房屋结构和桥梁结构的施工方法，包括施工顺序及服务整体的运输系统、操作平台系统等；(4)完善土木工程施工课的逻辑性，如介绍了土木工程施工的研究对象、内容、目的等，增加了施工课程中的一些概念的解释或定义，比如施工方法与施工措施、施工技术与施工组织、施工顺序与施工程序等；(5)语言力求通俗、简洁，增加教材的可读性；(6)附带了多媒体教学光盘，增加可视性，提高学生的感性认识。

　　本教材及所附教学光盘由东北大学张国联、王凤池主编，博士生导师朱浮声教授主审。教材参与编写人员包括：张国联(绪论、第1、2、5、11、12章，光盘第1章)、王凤池(第3、4章，光盘第2、3、4章)、陈百玲(第7、8、9章，光盘第7、8、9章)、康玉梅(第6章，光盘第5、6章)、汪宇彤(第10章，光盘第10章)、董福彬(光盘第11、12章)。

　　在教材编写过程中得到了张忠生、毕砚书、邱景平、邢军等同志的大力支持，谨此表示衷心的感谢。

　　由于编者水平有限，书中难免有不足之处，敬请读者批评指正。

编　者

2003年10月

# 目 录

绪论 ················································································································ 1
## 1 土方工程 ································································································ 4
    1.1 土的工程分类和工程性质 ············································································ 4
    1.2 土方量计算 ···································································································· 5
    1.3 土方机械化施工 ···························································································· 8
    1.4 土方工程的辅助工程 ··················································································· 15
    1.5 土方爆破施工 ······························································································ 20
## 2 桩基工程 ································································································ 26
    2.1 预制桩施工 ·································································································· 26
    2.2 灌注桩施工 ·································································································· 28
## 3 块体砌筑 ································································································ 36
    3.1 砌筑材料 ····································································································· 36
    3.2 烧结普通砖砌筑施工 ··················································································· 37
    3.3 特殊砖砌体施工 ·························································································· 38
    3.4 砌块施工 ····································································································· 39
## 4 钢筋混凝土施工 ······················································································ 42
    4.1 钢筋工程 ····································································································· 42
    4.2 模板工程 ····································································································· 48
    4.3 混凝土工程 ·································································································· 59
    4.4 特殊条件下混凝土施工 ··············································································· 65
    4.5 预应力混凝土施工 ······················································································ 69
## 5 构件吊装 ································································································ 85
    5.1 起重机械 ····································································································· 85
    5.2 构件的吊装工艺 ·························································································· 92
## 6 建筑结构施工 ························································································· 97
    6.1 砖混结构施工 ······························································································ 97
    6.2 现浇混凝土结构施工 ················································································· 102
    6.3 单层厂房结构安装 ···················································································· 103
    6.4 多层装配式结构的安装 ············································································· 109
    6.5 钢结构安装 ································································································ 112
## 7 桥梁结构施工 ······················································································· 118
    7.1 桥梁结构施工方法分类 ············································································· 118
    7.2 简支梁桥安装 ···························································································· 118
    7.3 逐孔法施工 ································································································ 120
    7.4 悬臂法施工 ································································································ 121

  7.5 顶推法施工 ········································································ 124
  7.6 现浇拱桥施工 ···································································· 126
  7.7 缆索吊机安装拱桥 ···························································· 129
  7.8 转体法施工 ········································································ 130
8 路面施工 ························································································· 135
  8.1 沥青混凝土路面施工 ························································ 135
  8.2 沥青碎石路面施工 ···························································· 139
  8.3 水泥混凝土路面施工 ························································ 139
9 隧道施工 ························································································· 144
  9.1 施工方法 ············································································ 144
  9.2 隧道掘进 ············································································ 147
  9.3 隧道支护和衬砌 ································································ 150
  9.4 塌方事故的处理 ································································ 153
10 流水施工 ······················································································· 155
  10.1 流水施工的概念 ······························································ 155
  10.2 流水施工参数 ·································································· 156
  10.3 流水施工的组织形式 ······················································ 158
11 施工组织 ······················································································· 161
  11.1 施工组织概述 ·································································· 161
  11.2 施工组织设计概述 ·························································· 162
  11.3 施工准备工作 ·································································· 163
  11.4 单位工程施工组织设计 ·················································· 164
12 网络计划技术 ··············································································· 174
  12.1 双代号网络计划 ······························································ 174
  12.2 单代号网络计划 ······························································ 178
  12.3 双代号时标网络计划 ······················································ 180
  12.4 网络计划的优化和调整 ·················································· 181
主要参考文献 ························································································· 188

# 绪 论

## 0.1 土木工程施工课的研究对象、内容、目的

土木工程的很多课程如钢筋混凝土结构等多是以土木工程产品状态为研究对象，以产品状态与功能之间的关系为研究内容，以确定产品预期状态（造型、结构等）为研究目的。而土木工程施工课程则不同，它是以土木工程产品形成过程即施工过程为研究对象。多年大量的实践告诉我们：施工过程不同，施工效果也随之不同，即施工质量、工期、成本也不同。因此，要确定理想的施工过程，必须研究施工过程和效果之间的关系。

因此，土木工程施工课的研究对象、内容、目的可概括为：在施工条件和产品预期状态为已知的前提下，根据施工过程与施工效果的关系，确定合理的施工过程（图0-1）。简而言之，土木工程施工的研究对象为施工过程；研究内容为施工过程与施工效果的关系；研究目的为确定合理的施工过程。

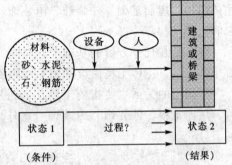

图 0-1 土木工程施工的研究对象、内容、目的

## 0.2 施工过程的描述

土木工程产品本身很复杂，整个施工过程中涉及的施工对象、要素也多，不仅占用时间、而且占用空间，因此，土木工程的施工过程不是能够用一个简单的流程可以表述清楚的。于是，人们把整个施工过程作为一个系统并分成施工技术和施工组织两个层次加以描述。

(1) 施工技术

施工技术，是从具体对象出发，研究对象采用的施工设备、工艺过程、工艺标准、技术措施等，它反映了施工过程的一个层面。例如，图0-2所示的某土方工程的施工过程从技术层面可概括的描述为：采用铲运机挖土，其作业方式为下坡铲土，开行路线为8字形。

但是，只知道上述施工技术还不足以将整个施工过程表述清楚，还有很多问题需要回答，如上述土方施工的进度如何，由哪家施工队施工，施工现场的设施、设备、人员如何布置等等，都要通过施工组织来回答和解决。

(2) 施工组织

施工组织，是从对象总体出发，以具体的施工技术为基础，研究整个施工任务如何分

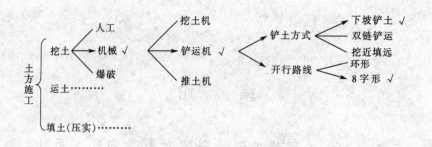

图 0-2 某土方施工过程表述方法

解、如何分工以及子任务(最小到分项工程)在空间上和时间上的关系。

分解是指整个施工任务分解成哪些分部分项工程,如某建筑工程可分解为基础工程、主体结构、屋面工程、外装饰、内装饰、室外地坪等分部工程;桥梁工程可分为基础、墩台和上部结构等分部工程。

分工是在任务分解的基础上,对施工人员和施工队伍做出安排,例如基础工程承包给哪个施工队、主体工程由谁来施工、施工队中班组采用综合班组还是专业班组等。

时间上的关系主要指施工顺序和进度,例如,房屋各分部工程中基础工程、主体结构、屋面工程、外装饰、内装饰、室外地坪等,在时间上的顺序如何;开、竣工时间如何。

图 0-3 施工技术与施工组织的关系

空间上的关系主要指施工要素、设施、道路在施工场地的布置,包括各设施占地面积多大、彼此空间关系如何、哪些应当集中布置、哪些应当分开布置等等。

施工技术与施工组织的关系如图 0-3 所示,施工技术决定了施工的方法和物质内容,因此施工技术是施工组织的基础;而施工技术的目的也在于施工的有序性和确定性,因此,施工组织应当包括施工技术。二者着眼点、层次不同:施工技术是回答如何施工的问题,而施工组织不仅要回答如何施工,还要回答由谁施工、在哪里施工、何时施工等问题。

(3) 施工过程与施工效果之间关系的表述方法

一提到关系的表述方法,人们马上会想到以往熟悉的定理、定律、公式等等,诚然,这些都是表述关系的好方法,它们大多表述的是一种定量关系。而施工过程和施工效果之间关系的表达和人们的思维习惯有些不同,虽然也有一些定量关系,例如:钢筋下料的计算、井点降水的计算等,但由于人们对施工的总体认识水平等原因,大部分关系表现为定性关系——施工经验的总结:即一个施工对象有哪些施工方法、各方法的优缺点是什么、适用条件如何等等,尽管如此表述,但仔细体会,它反映的仍是一种关系。

## 0.3 课 程 体 系

本教材的体系将施工技术和施工组织两部分分开,各部分包括的内容及其之间关系如图 0-4 所示。

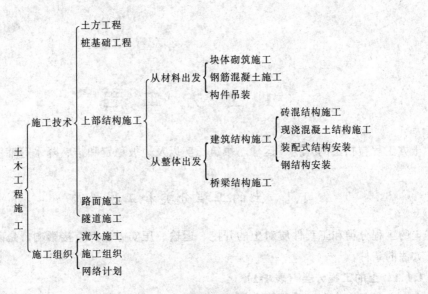

图 0-4 土木工程施工课程体系及其之间关系

# 1 土 方 工 程

土方工程包括土的开挖、运输、填筑压实以及边坡稳定和排、降水等辅助工程。

## 1.1 土的工程分类和工程性质

土的工程分类和工程性质对土的开挖、运输、压实方法有直接影响，是确定土方工程施工方法的条件。

### 1.1.1 土的工程分类（表1-1）

在土方工程施工和工程预算定额中，根据土的开挖难易程度，将土分为松软土、普通土、坚土、砂砾坚土、软石、次坚石、坚石、特坚石等八类。前四类为一般土，后四类为岩石。

土 的 工 程 分 类　　　　　表 1-1

| 土的分类 | 土 的 名 称 | 土的可松性 $K_s$ | 土的可松性 $K'_s$ | 现场鉴别方法 |
|---|---|---|---|---|
| 一类土（松软土） | 砂，亚砂土，冲击砂土层，种植土，泥炭（淤泥） | 1.08~1.17 | 1.01~1.03 | 能用锹、锄头挖掘 |
| 二类土（普通土） | 亚黏土，潮湿的黄土，夹有碎石、卵石的砂，种植土，填筑土及亚砂土 | 1.14~1.28 | 1.02~1.05 | 用锹、锄头挖掘，少许用镐翻松 |
| 三类土（坚土） | 软及中等密实土，重亚黏土，粗砾石，干黄土及含碎石、卵石的黄土，亚黏土，压实的填筑土 | 1.24~1.30 | 1.04~1.07 | 主要用镐、锹、锄头挖掘，部分用撬棍 |
| 四类土（砂砾坚土） | 重黏土及含碎石、卵石的黏土，粗卵石，密实的黄土，天然级配砂石，软泥灰岩及蛋白石 | 1.26~1.32 | 1.06~1.09 | 整个用镐、撬棍，然后用锹挖，部分用楔子及大锤 |
| 五类土（软石） | 硬石灰，中等密实的页岩，泥灰岩，白垩土，胶结不紧的砾岩，软的石灰岩 | 1.30~1.45 | 1.10~1.20 | 用镐或撬棍、大锤挖掘，部分使用爆破 |
| 六类土（次坚石） | 泥岩，砂岩，砾岩，坚实的页岩，泥灰岩，密实石灰岩，风化花岗岩，片麻岩 | 1.30~1.45 | 1.10~1.20 | 用爆破方法开挖，部分用风镐 |
| 七类土（坚石） | 大理岩，辉绿岩，玢岩，粗中粒花岗岩，坚实白云岩，砂岩，砾岩，片麻岩，石灰岩，风化痕迹的安山岩，玄武岩 | 1.30~1.45 | 1.10~1.20 | 用爆破方法开挖 |
| 八类土（特坚石） | 安山岩，玄武岩，花岗片麻岩，坚实的细粒花岗岩，闪长岩，石英岩，辉长岩，辉绿岩，玢岩 | 1.45~1.50 | 1.20~1.30 | 用爆破方法开挖 |

#### 1.1.2 土的工程性质

##### 1.1.2.1 土的含水量（$w$）

土中水的质量与固体颗粒质量之比，以百分率表示：

$$w = \frac{m_1 - m_2}{m_2} = \frac{m_w}{m_s} \tag{1-1}$$

式中 $m_1$——含水状态时土的质量（kg）；

$m_2$——烘干后土的质量（kg）；

$m_w$——土中水的质量（kg）；

$m_s$——固体颗粒的质量（kg）。

##### 1.1.2.2 土的可松性

自然状态下的土经开挖后，内部组织破坏，其体积因松散而增加，以后虽经回填压实仍不能恢复其原来的体积，土的这种性质称为土的可松性。土的可松性用可松性系数表示：

$$K_s = \frac{V_2}{V_1} \tag{1-2}$$

$$K'_s = \frac{V_3}{V_1} \tag{1-3}$$

式中 $K_s$——土的最初可松性系数；

$K'_s$——土的最终可松性系数；

$V_1$——土在自然状态下的体积；

$V_2$——土挖出后的松散状态下的体积；

$V_3$——土经回填压实后的体积。

根据土的工程分类，相应的可松性系数参见表1-1。

##### 1.1.2.3 土的渗透性

土体被水透过的性质，常用渗透系数 $K$ 表示。渗透系数是指在水力坡度为1的渗流作用下，水从土中渗出的速度。它同土的颗粒级配、密实程度等有关，见表1-2。

土的渗透系数　表1-2

| 土的名称 | 渗透系数 $K$（m/d） | 土的名称 | 渗透系数 $K$（m/d） |
|---|---|---|---|
| 黏土 | <0.005 | 中砂 | 5.0~20.00 |
| 粉质黏土 | 0.005~0.10 | 均质中砂 | 35~50 |
| 粉土 | 0.10~0.50 | 粗砂 | 20~50 |
| 黄土 | 0.25~0.50 | 圆砾石 | 50~100 |
| 粉砂 | 0.50~1.00 | 卵石 | 100~500 |
| 细砂 | 1.00~5.00 | | |

## 1.2 土方量计算

### 1.2.1 基坑（槽）、管沟土方量计算

#### 1.2.1.1 基坑土方量的计算

基坑土方量的计算可近似按拟柱体体积公式计算。如图1-1所示，基坑深为 $H$，上、下底面积为 $A_1$、$A_2$，中截面面积为 $A_0$，则基坑土方量为：

$$V = \frac{H}{6}(A_1 + 4A_0 + A_2) \tag{1-4}$$

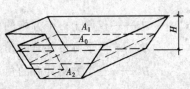

图1-1 基坑土方量计算

#### 1.2.1.2 基槽、管沟土方量的计算

基槽和管沟在土方量计算时，如图 1-2 所示，可沿长度方向分段计算，$A_{i1}$、$A_{i2}$ 为 $i$ 分段端部面积，$A_{i0}$ 为分段中截面面积，$l_i$ 为分段长度，将各段土方量相加，即得总土方量。

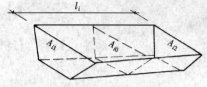

$$V = \sum_{i=1}^{n} \frac{l_1}{6}(A_{i1} + 4A_{i0} + A_{i2}) \tag{1-5}$$

图 1-2 基槽土方量计算

### 1.2.2 场地平整土方量计算

场地平整土方量的计算思路是先确定一个场地设计标高，以此标高为基准分别计算标高以下的填方量和标高以上的挖方量。

#### 1.2.2.1 场地设计标高的确定

场地设计标高一般由设计单位确定，它是进行场地平整和土方量计算的依据。设计标高需考虑生产工艺和运输、最高洪水水位、市政道路与规划等要求，在设计无特殊要求的前提下应按填挖平衡的要求确定设计标高，即填方量等于挖方量。场地设计标高确定步骤和方法如下：

（1）初步确定场地设计标高 $H_0$

1）在具有等高线的地形图上将施工区域划分为边长 $a = 10 \sim 40$m 的若干方格，如图 1-3 所示。

2）确定各小方格的角点高程，可根据地形图上相邻两等高线的高程，用插值法求得。在无地形图的情况下，也可以在地面用木桩或钢钎打好方格网，然后用仪器直接测出方格各角点标高。

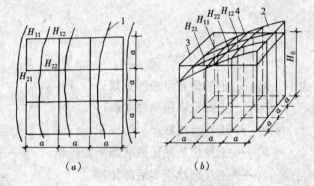

图 1-3 场地设计标高计算
（a）地形图上划分网格；（b）设计标高示意图
1—等高线；2—自然地面；3—设计标高平面；4—零线

3）按填挖方平衡原则确定设计标高：

$$H_0 N a^2 = \Sigma \left( a^2 \frac{H_{11} + H_{12} + H_{21} + H_{22}}{4} \right) \tag{1-6}$$

$$H_0 = \frac{\Sigma(H_{11} + H_{12} + H_{21} + H_{22})}{4N} \tag{1-7}$$

由图 1-3 可看出：$H_{11}$ 只属于一个方格的角点标高，$H_{12}$ 和 $H_{21}$ 属于两个方格公共的角点标高，$H_{22}$ 则属于四个方格公共的角点标高，它们分别在式（1-7）中要加 1 次、2 次、4 次。因此，式（1-7）可改写成下列形式：

$$H_0 = \frac{\Sigma H_1 + 2\Sigma H_2 + 3\Sigma H_3 + 4\Sigma H_4}{4N} \tag{1-8}$$

式中 $H_1$——仅属于一个方格的角点标高（m）；
$H_2$——两个方格共有的角点标高（m）；
$H_3$——三个方格共有的角点标高（m）；
$H_4$——四个方格共有的角点标高（m）。

(2) 场地设计标高 $H_0$ 的调整

按上述公式所计算的设计标高 $H_0$ 系一理论值，实际上还需要考虑土的可松性、场地泄水坡度、设计标高以上的各种填挖方工程以及就近弃土、就近取土等因素引起挖、填土方量的变化，对设计标高进行调整。

**1.2.2.2 场地平整土方量的计算**

场地平整土方量的计算一般采用方格网法，其计算步骤如下：

(1) 计算场地各方格角点的施工高度

各方格角点的施工高度按下式计算：

$$h_n = H_n - H'_n \tag{1-9}$$

式中 $h_n$——角点施工高度，即挖填高度，以"+"为填，"-"为挖；

$H_n$——角点的设计标高；

$H'_n$——角点的自然地面标高。

(2) 确定"零线"

根据角点施工高度，先求出一端为挖方，另一端为填方的方格边线上的"零点"（即不挖不填的点），如图1-4所示。设 $h_1$ 为填方角点的填方高度，$h_2$ 为挖方角点的挖方高度，$O$ 为零点位置。则 $O$ 点与 $A$ 点的距离为：

$$x = \frac{ah_1}{h_1 + h_2} \tag{1-10}$$

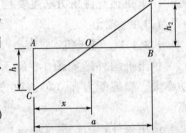

图1-4 求零点的图解法

平面网格中，相邻两个零点相连成的一条直线，就是方格网中的挖填分界线——零线。

(3) 计算方格挖、填土方量

零线求出后，场地的挖填区即随之标出，依据零线的位置，方格内的填挖方式划分为三种类型，如图1-5、图1-6、图1-7所示。对应的土方量计算方法如下：

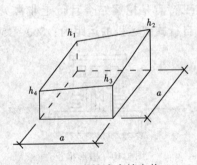

图1-5 全挖或全填方格

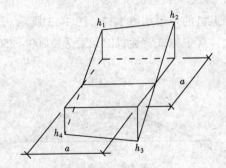

图1-6 两挖两填方格

1) 全挖或全填

$$V = \frac{a^2}{4}(h_1 + h_2 + h_3 + h_4) \tag{1-11}$$

2) 两挖两填

$$V_{1,2} = \frac{a^2}{4}\left(\frac{h_1^2}{h_1 + h_4} + \frac{h_2^2}{h_2 + h_3}\right) \tag{1-12}$$

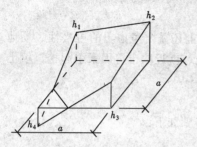

$$V_{3,4} = \frac{a^2}{4}\left(\frac{h_4^2}{h_1+h_4} + \frac{h_3^2}{h_2+h_3}\right) \qquad (1-13)$$

3) 三挖一填（或三填一挖）

$$V_4 = \frac{a^2}{6}\frac{h_4^3}{(h_1+h_4)(h_3+h_4)} \qquad (1-14)$$

$$V_{1,2,3} = \frac{a^2}{6}(2h_1 + h_2 + 3h_3 - h_4) + V_4 \qquad (1-15)$$

图 1-7 三挖一填或三填一挖方格

（注意：$h_1$、$h_2$、$h_3$、$h_4$ 系顺时针排列；第二种类型的 $h_1$、$h_2$ 同号，$h_3$、$h_4$ 同号；第三种类型的 $h_1$、$h_2$、$h_3$ 同号，$h_4$ 为异号）

4) 填方量与挖方量汇总，得总的挖方量和填方量

## 1.3 土方机械化施工

土方机械化施工方法主要是以土方施工机械来划分的，机械不同，施工方法则不同。

### 1.3.1 挖土

#### 1.3.1.1 推土机

推土机的外形如图 1-8 所示，其施工特点是行动灵活、功率大、爬坡能力强（可达 30°）、运距在 40~60m 时效率最高。

适用条件：①挖深（填高）<1.5m；②运距<100m；③坡度<30°；④1~4 类土。

为提高推土效率，可采取如下的作业方式：①下坡推土（见图 1-9），效率可提高 30%~40%；②槽形推土（见图 1-10）；③并列推土（见图 1-11），效率可提高 15%~20%；④分批集中，一次推送。

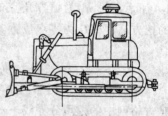

图 1-8 推土机外形

#### 1.3.1.2 铲运机

铲运机的外形如图 1-12、图 1-13 所示。其施工特点是挖运结合且行走非常灵活、运距较大。其中拖式铲运机的运距为：200~350m；自行式铲运机的运距为：800~1500m。

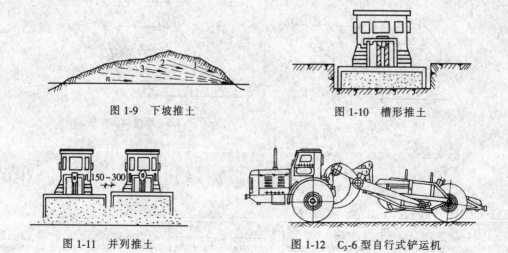

图 1-9 下坡推土　　　　图 1-10 槽形推土

图 1-11 并列推土　　　　图 1-12 $C_3$-6 型自行式铲运机

适用条件：①1～3类土；②大面积挖土；③土的含水量 $w<27\%$。

为提高施工效率可采取如下的作业方式和开行路线：

1）铲土方式：①下坡铲土；②挖近填远，挖远填近；③推土机助铲；④双联铲运；⑤挂大斗铲运等。

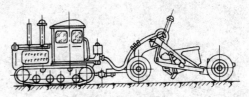

图1-13　$C_6$-2.5型拖式铲运机

2）开行路线（见图1-14）：①环形路线；②8字形路线。

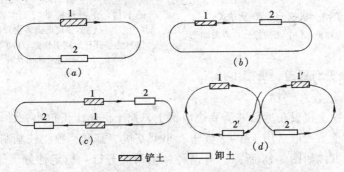

图1-14　铲运机开行路线
(a)、(b)、(c) 环形路线；(d) 8字形路线

#### 1.3.1.3　挖土机

常用挖土机主要为单斗挖土机，只用于挖土，运土由自卸式汽车完成。根据挖土方式，单斗挖土机铲斗类型可分为（1）正铲；（2）反铲；（3）抓铲；（4）拉铲。如图1-15所示。

（1）正铲

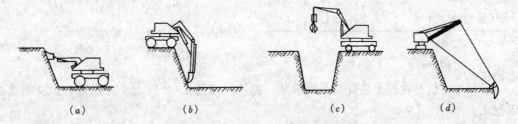

图1-15　单斗挖土机工作装置的类型
(a) 正铲；(b) 反铲；(c) 抓铲；(d) 拉铲

正铲挖土机的主要技术性能　表1-3

| 技术参数 | 符号 | 单位 | WY100 | WY60 |
|---|---|---|---|---|
| 铲斗容量 | $q$ | m³ | 1.0 | 0.6 |
| 最大挖土半径 | $R$ | m | 8.0 | 7.78 |
| 最大挖土高度 | $H$ | m | 7.0 | 6.34 |
| 最大挖土深度 | $h$ | m | 2.9 | 4.36 |
| 最大卸土高度 | $H_1$ | m | 2.5 | 4.05 |

施工特点是挖土机必须停在开挖工作面，挖土深度大，效率高，性能见表1-3。一般适用于1～4类土且工作面无涌水的大型工程。为提高效率可采取如下作业方式：

1）挖土和卸土方式（见图1-16）：①正向挖土、后方卸土；②正向挖土、侧向卸土。

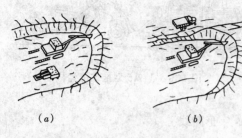

图 1-16 正铲挖土机挖土和卸土方式
(a) 正向挖土、后方卸土；(b) 正向挖土、侧向卸土

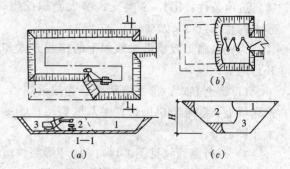

图 1-17 正铲开挖基坑工作面及开行通道
(a) 一层通道多次开挖；
(b) 之字开行加宽工作面；(c) 多层通道开挖
1、2、3—通道断面及开挖顺序

2) 工作面及开行通道，见图 1-17。

(2) 反铲

施工特点是挖土机设在地面并需要边坡留土，挖土深度比正铲小，性能指标见表 1-4，它可进行水下挖土。一般适用于 1~3 类土，小型基坑、基槽、独立柱基基坑开挖。

挖土机开行方式如图 1-18 所示，有两种：①沟端开行：稳定性好，采用较多；②沟侧开行：稳定性差，但弃土较远。

反铲挖土机的主要技术性能　　表 1-4

| 技术参数 | 符号 | 单位 | W2-40 | W4-60 |
|---|---|---|---|---|
| 铲斗容量 | $q$ | $m^3$ | 0.4 | 0.6 |
| 最大挖土半径 | $R$ | m | 7.03 | 7.3 |
| 最大挖土高度 | $H$ | m | 5.98 | 6.4 |
| 最大挖土深度 | $h$ | m | 3.74 | 3.7 |
| 最大卸土高度 | $H_1$ | m | 4.52 | 4.7 |

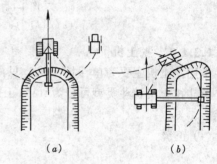

图 1-18 反铲开行方式
(a) 沟端开行；(b) 沟侧开行

(3) 抓铲

抓铲挖土机是在挖土机臂端用钢索装一抓斗，可挖 1~2 类土，特别适合独立基坑水下挖土。

(4) 拉铲

拉铲挖土机的铲斗悬挂在钢丝绳下，土斗借重力切入土中，可用于开挖 1~2 类土，开挖深度和宽度较大。由于开挖的精确性较差，边坡要留更多的土，且大多用于将土弃于土堆。

### 1.3.2 运土

运土设备常用各种汽车，比较常见，不再赘述，这里介绍运输组织问题——土方调配。土方调配的实质是已知各挖土区和各填土区的位置以及各挖土区和各填土区之间的运距，求各挖土区向各填土区调配的土方量，满足总的运输费用最低。

土方调配的求解方法常用线性规划法中的"表上作业法"。在划分调配区和计算调配区之间的平均运距的基础上，建立土方平衡与运距表，见表1-5。其中$c_{ij}$为$A_i$到$B_j$的单位土方施工费或运距，$x_{ij}$为$A_i$到$B_j$的土方量。

土方平衡与运距表　　　　　　　　表1-5

| 挖方区 | 填方区 | | | | | | 挖方量 |
|---|---|---|---|---|---|---|---|
| | $B_1$ | $B_2$ | ... | $B_j$ | ... | $B_n$ | |
| $A_1$ | $c_{11}$<br>$x_{11}$ | $c_{12}$<br>$x_{12}$ | ... | $c_{1j}$<br>$x_{1j}$ | ... | $c_{1n}$<br>$x_{1n}$ | $a_1$ |
| $A_2$ | $c_{21}$<br>$x_{21}$ | $c_{22}$<br>$x_{22}$ | ... | $c_{2j}$<br>$x_{2j}$ | ... | $c_{2n}$<br>$x_{2n}$ | $a_2$ |
| ... | ... | ... | ... | ... | ... | ... | ... |
| $A_i$ | $c_{i1}$<br>$x_{i1}$ | $c_{i2}$<br>$x_{i2}$ | ... | $c_{ij}$<br>$x_{ij}$ | ... | $c_{in}$<br>$x_{in}$ | $a_i$ |
| ... | ... | ... | ... | ... | ... | ... | ... |
| $A_m$ | $c_{m1}$<br>$x_{m1}$ | $c_{m2}$<br>$x_{m2}$ | ... | $c_{mj}$<br>$x_{mj}$ | ... | $c_{mn}$<br>$x_{mn}$ | $a_m$ |
| 填方量 | $b_1$ | $b_2$ | ... | $b_j$ | ... | $b_n$ | $\sum_{i}^{m}a_i = \sum_{1}^{n}b_j$ |

土方调配的数学模型为：求一组满足下列约束条件的$x_{ij}$的值，使总费用$z = \sum_{i=1}^{m}\sum_{j=1}^{n}c_{ij}x_{ij}$为最小值。

$$\sum_{j=1}^{n}x_{ij} = a_i \quad i = 1,2,\cdots,m \quad (1-16)$$

$$\sum_{i=1}^{m}x_{ij} = b_j \quad j = 1,2,\cdots,n \quad (1-17)$$

$$\sum_{i}^{m}a_i = \sum_{1}^{n}b_j \quad (1-18)$$

$$x_{ij} \geq 0$$

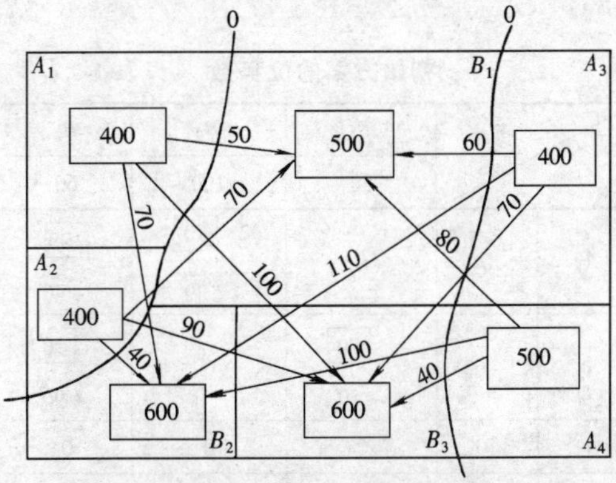

根据约束条件知道：未知量有$m \times n$个，而方程数为$m + n$个。由于填挖平衡，

图1-19　各调配区土方量和平均运距

因此独立方程的数量实际上只有$m + n - 1$个。在求解线性规划问题时，可以先命$m \times n - (m + n - 1)$个未知量为零（可以任意假定，但为了减少运算次数，可以按照就近分配的原则，把运距较远或运费较大的那些未知量假定为零），这样就能够解出第一组$m + n - 1$个未知量的值。这个解是不是最优解，还需要用检验数进行检验。如果检验不是最优解，还需要调整。调整方法是按一定规则进行解的置换：将原解中的一个未知量的值置为零，并把原来不在解中的一个未知量引入解中。经检验若能使求得的一组新解的目标函数值下降，那么新解就比前一个解合理。这样一次次调整，直到使目标函数值为最小，此时的一组解就是最优解。下面以具体实例（图1-19）介绍求解步骤：

初始方案表　　　　表 1-6

| 填\挖 | $B_1$ | $B_2$ | $B_3$ | 挖方量 |
|---|---|---|---|---|
| $A_1$ | 50<br>400 | 70<br>× | 100<br>× | 400 |
| $A_2$ | 70<br>× | 40<br>400 | 90<br>× | 400 |
| $A_3$ | 60<br>100 | 110<br>200 | 70<br>100 | 400 |
| $A_4$ | 80<br>× | 100<br>× | 40<br>500 | 500 |
| 填方量 | 500 | 600 | 600 | 1700 |

(1) 初始方案的确定

根据就近分配的原则确定初始方案,如表 1-6 所示。

(2) 最优方案的判别

1) 求位势数:

根据初始方案中 $x_{ij} \neq 0$ 方格的 $c_{ij}$,由公式 $c_{ij} = u_i + v_j$ 求出两组位势数 $u_i$、$v_j$(注意:可以假定某一个 $u_i = 0$,这里假定 $u_1 = 0$,然后再求其他的 $u_i$、$v_j$),将位势数列入表 1-7 中。

2) 计算检验数 $\lambda_{ij} = c_{ij} - u_i - v_j$ 并列入表 1-7 中。

3) 判别是否最优:只要出现负的检验数,就说明方案不是最优,需要进一步调整。

(3) 方案的调整

第一步:在所有负检验数中选一个(一般可选最小的一个),本例中是 $\lambda_{12}$,把它所对应的变量 $x_{12}$ 作为调整对象。

第二步:找出 $x_{12}$ 的闭合回路。其做法是:从 $x_{12}$ 格出发,沿水平与竖直方向前进,遇到适当的有数字的方格作 90°转弯,然后继续前进,如果路线恰当,有限步后便能回到出发点,形成一条以有数字的方格为转角点的、用水平和竖直线连起来的闭合回路,见表 1-8。

初始方案的位势数　　　　表 1-7

| $u_i$ \ $v_j$ | $B_1$<br>50 | $B_2$<br>100 | $B_3$<br>60 |
|---|---|---|---|
| $A_1$　0 | 0 | 70<br>−30 | 100<br>+40 |
| $A_2$　−60 | +80 | 70<br>0 | 90<br>+90 |
| $A_3$　10 | 0 | 0 | 0 |
| $A_4$　−20 | +50 | 80<br>+20 | 100<br>0 |

闭合回路法　　　　表 1-8

| 填\挖 | $B_1$ | $B_2$ | $B_3$ | 挖方量 |
|---|---|---|---|---|
| $A_1$ | 400 | × | × | 400 |
| $A_2$ | × | 400 | × | 400 |
| $A_3$ | 100 | 200 | 100 | 400 |
| $A_4$ | × | × | 500 | 500 |
| 填方量 | 500 | 600 | 600 | 1700 |

第三步:从空格 $x_{12}$ 出发,沿着闭合回路(方向任意)一直前进,在各奇数次转角点的数字中,挑出最大运距对应的 $x_{ij}$(本例中 $c_{32} = 110$ 最大,它对应的 $x_{32} = 200$),将它由 $x_{32}$ 调到 $x_{12}$ 方格中。

第四步:将"200"填入 $x_{12}$ 方格中,被调出的 $x_{32}$ 为 0(该格变为空格);同时将闭合回路上其他的奇数次转角上的数字都减去"200",偶数次转角上数字都增加"200",使得填挖方区的土方量仍然保持平衡。这样调整后,便可得到表 1-9 所示的新调配方案。

第五步:对新调配方案,仍用"位势法"进行检验,看其是否是最优方案。如果检验数中仍有负数出现，那就仍按上述步骤继续调整，直到找出最优方案为止。

（4）调整后的方案及检验

调整后的方案及检验，见表1-9、表1-10。表中所有检验数均为正号，故该方案为最优方案。

调整后的方案　　　表1-9

| 填挖 | $B_1$ | $B_2$ | $B_3$ | 挖方量 |
|---|---|---|---|---|
| $A_1$ | 50<br>200 | 70<br>200 | 100<br>× | 400 |
| $A_2$ | 70<br>× | 40<br>400 | 90<br>× | 400 |
| $A_3$ | 60<br>300 | 110<br>× | 70<br>100 | 400 |
| $A_4$ | 80<br>× | 100<br>× | 40<br>500 | 500 |
| 填方量 | 500 | 600 | 600 | 1700 |

调整后方案的检验　　　表1-10

| $u_i$ \ $v_j$ | $B_1$ 50 | $B_2$ 70 | $B_3$ 60 |
|---|---|---|---|
| $A_1$ 0 | 0 | 0 | 100<br>+40 |
| $A_2$ −30 | 70<br>+50 | 0 | 90<br>+60 |
| $A_3$ 10 | 0 | 110<br>+30 | 0 |
| $A_4$ −20 | 80<br>+50 | 100<br>+50 | 0 |

最优土方调配方案的土方总运输量为：

$Z = 200 \times 50 + 200 \times 70 + 400 \times 40 + 300 \times 60 + 100 \times 70 + 500 \times 40 = 85000$（$m^3 \cdot m$）

（5）绘制土方调配图

最后将表1-9中的土方调配数值绘成土方调配图（图1-20）。

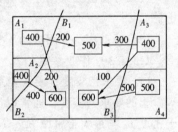

图1-20 土方调配图

### 1.3.3 挖土设备和运土设备数量的计算

#### 1.3.3.1 挖土设备数量的计算

$$N = \frac{Q}{Q_d} \cdot \frac{1}{TCK}（台）\qquad(1-19)$$

式中　$Q$——土方量（$m^3$）；

　　　$Q_d$——挖土机生产率（$m^3$/台班）；

　　　$T$——工期（工作日）；

　　　$C$——每天工作班数；

　　　$K$——工作时间利用系数（0.8~0.9）。

#### 1.3.3.2 运土设备数量的计算

当用挖土机挖土时，运土设备载重量要与挖土设备配套，运土车辆的载重量宜为每斗土重的3~5倍。运土设备数量也应与挖土设备数量配套，一台挖土机配备的自卸汽车台数 $N'$ 为：

$$N' = \frac{P}{P'}\qquad(1-20)$$

式中，$P$ 和 $P'$ 分别为挖土机生产率和自卸汽车生产率（$m^3$/台班）。或按：

$$N' = \frac{t}{t'}\qquad(1-21)$$

式中，$t$ 和 $t'$ 分别为每一循环车辆运输时间和运输车辆装满一车土的时间（min）。

#### 1.3.4 填土压实

**1.3.4.1 填土料的选择**

含有大量有机质、含水溶性硫酸盐大于 5%、淤泥、膨胀土、冻土等不宜用作填方土料。

**1.3.4.2 压实方法**

如图 1-21 所示，土的压实根据作用原理及使用的设备分为以下几种方法：

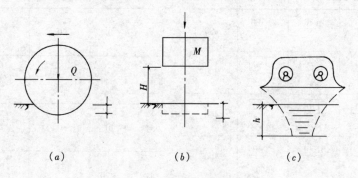

图 1-21 填土压实方法
(a) 碾压；(b) 夯实；(c) 振动

(1) 碾压法：采用平碾、羊足碾或气胎碾碾压，一般用于大面积填土。

(2) 夯实法：采用夯实机具（蛙式打夯机、内燃式打夯机等）夯实，多用于小面积填土。

(3) 振动法：采用振动压实机振动压实，多用于非黏性土大面积压实。

**1.3.4.3 作业参数**

(1) 要求密实度（或压实系数）

土的要求密实度，通常以压实系数（压实度）$\lambda$ 表示。压实系数为土的控制（实际）干密度 $\rho_0$ 与最大干密度 $\rho_{\max}$（最大干密度是在最佳含水量的状态下，通过标准压实方法确定的）的比值，即：

$$\lambda = \rho_0 / \rho_{\max} \qquad (1-22)$$

压实系数一般由设计确定，例如，砌块承重结构和框架结构，在地基持力层范围内的 $\lambda$ 应大于 0.96，在地基的持力层范围以下 $\lambda$ 应在 0.93~0.97 之间。高等级公路路床 $\lambda$ 应大于 0.95，上路堤 $\lambda$ 应大于 0.93，下路堤 $\lambda$ 应大于 0.90。

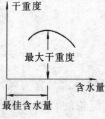

图 1-22 土的含水量对压实质量的影响

(2) 土的含水量

土的含水量不同，在同样压实功作用下，土的压实质量不同。如图 1-22 所示，对应最大干重度的含水量称为最佳含水量。施工时应尽量保证在最佳含水量时压实。

(3) 铺土厚度

压实作用沿深度变化如图 1-23 所示，因此压实施工时分层铺土厚度应在压实设备作用深度范围内，见表 1-11。

| 分层铺土厚度和压实遍数 | | 表 1-11 |
|---|---|---|
| 压实机具 | 每层铺土厚度（mm） | 每层压实遍数 |
| 平碾 | 200~300 | 6~8 |
| 羊足碾 | 200~350 | 8~12 |
| 蛙式打夯机 | 200~300 | 3~4 |
| 人工打夯 | <200 | 3~4 |

（4）压实遍数

压实功与压实机具、压实遍数、作用时间等因素有关，压实功与土的密实度的关系如图1-24所示，因此压实遍数也应合理确定，见表1-11。

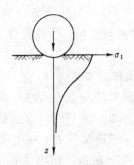

图1-23 压实作用沿深度的变化

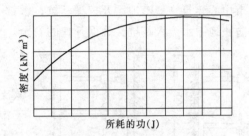

图1-24 土的密实度与压实功的关系

## 1.4 土方工程的辅助工程

### 1.4.1 边坡工程

边坡工程是确保土方开挖过程中土坡稳定的措施，包括两类：放坡和支护。

#### 1.4.1.1 放坡

（1）坡度表示

如图1-25所示，设 $i$ 为边坡坡度，则：

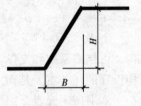

图1-25 边坡坡度

$$i = \frac{H}{B} = \frac{1}{B/H} = 1:m \tag{1-23}$$

式中，$m = B/H$ 为边坡系数。

（2）直壁开挖

根据土方工程施工规范的规定：对于土质均匀且地下水位低于基坑（槽）底或管沟底面标高，开挖土层湿度适宜且敞露时间不长时，其挖方边坡可做成直壁，不加支撑。但挖方深度不宜超过下列规定：密实、中密的砂土和碎石土（充填物为砂土）为1.00m；硬塑、可塑的粉质黏土及粉土为1.25m；硬塑、可塑的黏土和碎石类土（充填物为黏性土）为1.50m；坚硬的黏土为2.00m。

| 深度在5m以内的基坑（槽）、管沟边坡最陡坡度 | | | 表 1-12 |
|---|---|---|---|
| 土 的 类 别 | 边坡坡度 | | |
| | 坡顶无荷载 | 坡顶有静载 | 坡顶有动载 |
| 密砂土 | 1:1.00 | 1:1.25 | 1:1.50 |
| 中密碎石土（充填物为砂土） | 1:0.75 | 1:1.00 | 1:1.25 |
| 硬塑的粉土 | 1:0.67 | 1:0.75 | 1:1.00 |
| 中密碎石土（充填物为黏土） | 1:0.50 | 1:0.67 | 1:0.75 |
| 硬塑的粉质黏土、黏土 | 1:0.33 | 1:0.50 | 1:0.67 |
| 老黄土 | 1:0.10 | 1:0.25 | 1:0.33 |
| 软土（经井点降水后） | 1:1.00 | …… | …… |

(3) 按规定坡度开挖

深度超过以上数值的基坑边坡，开挖时可按相应规范选取，对于5m以内基坑可按表1-12选取。

(4) 通过计算确定坡度

对地下水、开挖深度、荷载、土质复杂等开挖条件超过规范的规定时，可采用土力学原理计算边坡坡度。

**1.4.1.2 支护**

在城市中心建筑物稠密地区开挖深基坑，常常不允许放坡开挖，为此需要支护结构支撑土壁和防止地下水流入基坑，确保开挖的安全。

(1) 横撑式支撑

开挖较窄的基坑或沟槽时多采用横撑式支撑，如图1-26所示。水平挡土板适用于湿度小、开挖深度 $H<3m$ 的条件；垂直挡土板适用于松散、湿度大的土质条件，而且开挖深度不限。

(2) 板桩式支护结构

深基坑可采用短桩隔墙板支撑、锚拉支撑、斜柱支撑、临时挡土墙支撑、钢板桩、挡土灌注桩、型钢构架横撑、土层锚杆、挡土灌注桩与土层锚杆相结合等多种支护形式支撑。这些支护都属于板桩式结构，由挡墙系统和支撑（或拉锚）系统两部分组成，其破坏形式如图1-27所示。支护结构设计的任务主要是确定板桩入土深度、拉锚（或支撑）强度、板桩刚度。

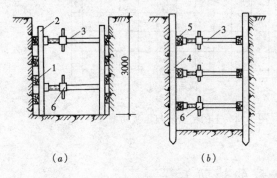

图1-26 沟槽横撑式支撑
(a) 水平挡土板；(b) 垂直挡土板
1—水平挡土板；2—垂直支撑；3—工具式支撑；
4—垂直挡土板；5—水平支撑；6—连接件

本书所附光盘介绍了嵌固支撑单支点板桩的计算，其他板桩结构设计可参考相关手册及规范。

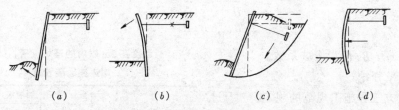

图1-27 板桩事故
(a) 入土深度不足导致板桩下部走动；(b) 拉锚强度不足导致板桩倾覆；
(c) 拉锚长度、板桩入土深度不足导致整体滑移；(d) 刚度不足导致板桩侧向弯曲

(3) 重力式支护结构

水泥土重力式围护结构如图1-28所示，它通过搅拌桩机将水泥和土强行搅拌，形成柱状水泥土搅拌桩，彼此搭接形成重力式挡墙，具有支护挡土能力。它没有支撑或拉锚结构，费用较低，近年在条件具备的地方多有采用。

该支护结构适用于深度 $h_0=4\sim6m$ 的基坑，其面积置换率（加固土面积/总面积）约

为 0.6~0.8，墙体宽度 $B = (0.6~0.8) h_0$，墙体插入深度 $D = (0.8~1.2) h_0$。

水泥土重力式围护结构设计应计算整体稳定性、抗渗性、抗倾性、抗滑移和墙体抗剪强度等。

### 1.4.2 排、降水工程

地下水位高于基坑坑底标高，为了确保干工作面开挖，需要采取措施疏干工作面涌水。根据土质条件常用的方法包括排水和降水。

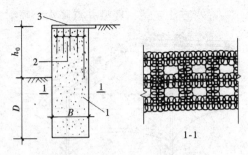

图 1-28 水泥土重力式围护结构
1—水泥土搅拌桩；2—插筋；3—混凝土面层

#### 1.4.2.1 排水

排水方法如图 1-29 所示，采用集水沟、集水井集水，然后由水泵排出。排水沟截面为 0.3m×0.5m，坡度为 0.3%；集水井直径 0.6~0.8m，间距 20~40m；所用水泵有离心泵、潜水泵、软轴泵等。排水适用条件为粗粒土层或黏性土层。

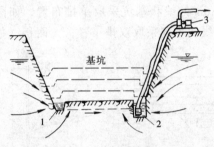

图 1-29 集水井降水
1—排水沟；2—集水井；3—水泵

#### 1.4.2.2 降水

（1）流砂

当基坑（槽）挖土到地下水位以下，而土质又是细砂和粉砂，若采用明排水的方法疏干开挖，则坑（槽）底下面的土会形成流动状态，并随地下水涌入基坑，这种现象叫流砂。流砂可造成边坡塌方、附近建筑物（构筑物）下沉、倾斜、倒塌等。

流砂产生的原因是单位体积颗粒所受的向上动水压力 $G_D$ 大于等于颗粒浸水重度 $\gamma'_w$，即：$G_D \geq \gamma'_w$，土颗粒处于悬浮状态，土的抗剪强度为零，土颗粒随水流一起流入基坑形成流砂。可见，产生流砂的条件是细砂或粉砂且颗粒较均匀；外因是动水压力 $G_D$。因此，防治流砂的原则可概括为"治砂先治水"，途径包括：减少和平衡动水压力的大小和改变动水压力的方向。施工中采取的具体措施包括：1）枯水期施工；2）打板桩增加地下水的渗流长度，减小动水压力；3）水下挖土，平衡动水压力；4）地下连续墙截住地下水；5）人工降水等。

（2）人工降水

一般而言，基坑尽量采取排水方法，不能排水时才采取人工降水的方法。所谓人工降水是指基坑开挖前，预先在基坑四周埋设一定数量的滤水管（井），利用抽水设备抽水，使地下水位降落到坑底以下，直至施工结束。其优点是：工作面保持干燥，改善施工条件；改变动水压力方向，防止排水引起流砂现象；提高土的强度和密实度。但施工时要注意观察和监测基坑附近土壤的沉降情况，避免临近建筑物出现沉降、倾斜等事故。

各种井点适用范围 表 1-13

| 井点类型 | | 土的渗透系数 (m/d) | 降水深度 (m) |
|---|---|---|---|
| 轻型井点类 | 一级轻型井点 | 0.1~50 | 3~6 |
| | 多级轻型井点 | 0.1~50 | 视井点级数而定 |
| | 喷射井点 | 0.1~50 | 8~20 |
| | 电渗井点 | <0.1 | 视选用的井点而定 |
| 管井类 | 管井井点 | 20~200 | 3~5 |
| | 深井井点 | 10~250 | >15 |

降水方法包括：轻型井点降水、喷射井点降水、电渗井点降水、管井井点降水、深井井点降水。各种方法适用范围如表1-13所示。这里只介绍常用的轻型井点降水。

(3) 轻型井点降水

1) 轻型井点降水的设备系统

轻型井点降水的设备系统如图1-30所示。滤管长度为1.0~1.2m、直径为38~57mm、滤眼面积占滤管表面积的20%~50%；井点管长5~7m、直径38~57mm；集水总管和弯联管的直径为100~127mm、总管长4m/节；抽水设备采用真空泵（每台负担100~200m）、离心水泵、水气分离器。

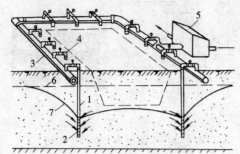

图1-30 轻型井点降水全貌
1—井点管；2—滤管；3—总管；4—弯联管；
5—水泵房；6—原有地下水位线；
7—降水后的水位线

2) 轻型井点的布置

平面布置：降水深度不大于5m、基坑宽度小于6m的线状基坑采取单排布置，如图1-31所示；降水深度不大于5m、基坑宽度大于6m的线状基坑采取双排布置；大面积（基坑宽度大于10m）采取环形布置，且当基坑长宽比小于等于5、降水深度不大于5m、基坑宽度小于2倍抽水半径时，布置成环形（如图1-32所示），若基坑长宽比大于5则要分段布置成多个环形。

高程布置：如图1-31、图1-32所示，井点管的埋设深度要满足下式的要求：

$$H \geqslant H_1 + h + IL \quad (1-24)$$

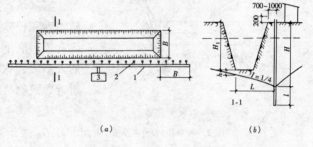

图1-31 单排线状基坑布置
(a) 平面布置；(b) 高程布置
1—总管；2—井点管；3—泵站

式中 $H_1$——井点埋设面至坑底距离（m）；
$h$——坑底至降水后地下水位的距离（m）；
$I$——地下水降落坡度，环形、双排布置时取1/10，单排布置时取1/4；
$L$——井点管至基坑中心的距离（单排井点为井点管至基坑另一侧的水平距离）（m）。

3) 轻型井点的计算

①井点系统涌水量（$Q$）计算

根据水井理论，水井井底到达不透水层为完整井，水井井底没到达不透水层为非完整井；地下水承压为承压井，否则为无压井。于是水井分成四类，分别是：无压完整井、无压非完整井、承压完整井、承压非完整井，如图1-33所示。环形井点无压完整井涌水量计算公式为（其他井型公式请参考有关施工手册）：

$$Q = 1.366K \frac{(2H - S)S}{\lg R - \lg x_0} \quad (1-25)$$

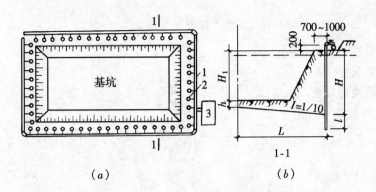

图 1-32 环形井点布置
(a) 平面布置；(b) 高程布置
1—总管；2—井点管；3—泵站

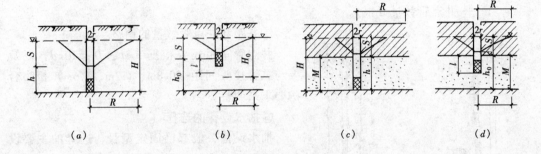

图 1-33 水井分类
(a) 无压完整井；(b) 无压非完整井；
(c) 承压完整井；(d) 承压非完整井

式中 $Q$——井点系统涌水量（m³/d）；

$K$——土壤渗透系数（m/d）；

$H$——含水层厚度（m）；

$S$——降水深度（m）；

$R$——抽水影响半径（m），通常按下式计算：

$$R = 1.95s\sqrt{H \cdot K} \tag{1-26}$$

$x_0$——环状井点系统的假想半径（m），当矩形基坑的长宽比不大于5时，可按下式
计算：

$$x_0 = \sqrt{F/\pi} \tag{1-27}$$

$F$——环状井点系统所包围的面积（m²）。

② 井点管数量（$n$）计算

确定井点管数量需要先确定单根井点管的出水量 $q$（m³/d），这取决于滤管的构造、尺寸及土的渗透系数，按下式计算：

$$q = 65\pi dl \sqrt[3]{K} \qquad (1\text{-}28)$$

式中　$d$——滤管直径（内径）（m）；
　　　$l$——滤管长度（m）；
　　　$K$——土的渗透系数（m/d）。
　　由此得井点管数量 $n$ 为：

$$n = 1.1Q/q \qquad (1\text{-}29)$$

式中　1.1——备用系数。
　　③井点管间距（$D$）的计算

$$D = L/n \qquad (1\text{-}30)$$

式中　$L$——总管长度（m）；
　　　$n$——井点管数量（根）。

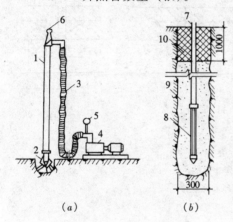

图 1-34　井点管的埋设
（a）冲孔；（b）埋管
1—冲管；2—冲嘴；3—胶皮管；4—高压水泵；5—压力表；6—起重机吊钩；7—井点管；8—滤管；9—填砂；10—黏土封口

④井距和井点管数量的调整

井点管间距还要根据 $5\pi d \leqslant D \leqslant 10\pi d$，以及要与总管接头间距（0.8m、1.2m、1.6m）相吻合的要求来调整。

⑤抽水设备的选择

抽水设备一般都已固定型号，选择的主要设备是真空泵（或射流器）和离心泵。

真空泵常选用干式真空泵，根据集水总管的长度确定型号：总管长度小于100m时可选用 $W_5$ 型，总管长度小于200m可选用 $W_6$ 型。

离心泵则要根据流量（1.2Q）、吸水扬程和总扬程来选择型号。

井点系统计算实例请参阅本书所附光盘。

4）轻型井点的安装

轻型井点安装程序：总管→井点管→弯联管→抽水设备。井点管埋设常用冲孔法，如图1-34所示。降水过程要注意连续抽水，因为停抽会引起堵塞和塌方。

## 1.5　土方爆破施工

### 1.5.1　爆破材料

爆破材料包括炸药和起爆材料。炸药是一种能够在外界（起爆能）作用下发生爆破变化的相对稳定的物质，工程中常用炸药的种类及性能见表1-14。起爆材料是主要用来引爆炸药的材料，常用的起爆材料有火雷管、电雷管、导火索、导爆索和导爆管等，详见表1-15。

工程中常用炸药　　　　　　　　　　　　　　表 1-14

| 常用炸药 | 主要性能特点 | 主要用途 |
|---|---|---|
| 硝铵炸药 | 主要成分包括硝酸铵、梯恩梯（TNT）和木炭粉，是一种低威力炸药，对冲击、摩擦不敏感，非常安全，来源广，价格低，吸湿性强 | 常用的两种炸药，适用范围很广，主要用于各种岩石的爆破 |
| 铵油炸药 | 由硝酸铵、柴油和木粉组成，是一种低威力炸药，感度更低，贮存和运输均较为安全，不防水，价格较低 | |
| 胶质炸药 | 硝化甘油类炸药，其爆速高、威力大，是粉碎性较大的烈性炸药，8~10℃时的感度很高，不吸水 | 适用于爆破坚硬的岩石，亦可用于水中爆破 |
| 梯恩梯（TNT）炸药 | 成分是三硝基甲苯，不溶于水，对撞击和摩擦的敏感度不大，但若掺有砂石粉类固体杂质时，则对撞击和摩擦的敏感度急剧增高；爆炸后产生有毒的一氧化碳 | 经常不单独使用，多与其他种类炸药混合，提高可爆性，宜用于露天爆破，亦可用于水下爆破 |
| 起爆炸药 | 是一种高级烈性炸药，其爆炸速度很快，在瞬时内产生极大的冲击能 | 常用来起爆其他炸药和制造雷管 |

常用起爆材料　　　　　　　　　　　　　　表 1-15

| 常用起爆材料 | 主要特点及用途 |
|---|---|
| 火雷管 | 由管壳、正负起爆药和加强帽等组成，雷管封闭端有聚能穴用以提高起爆能力。正负起爆炸药均为猛烈炸药，故在运输、保管和使用中应注意安全 |
| 电雷管 | 由普通雷管和电力引火装置组成，可分为即发电雷管和延发电雷管，延发电雷管又可分为秒延发电雷管和毫秒延发电雷管（微差雷管） |
| 导火索 | 是以黑火药为药芯，以棉线、塑料布、沥青等材料卷成的圆形索。导火索借其药芯的燃烧传递火焰引爆火雷管 |
| 导爆索 | 是以黑索金等单质炸药为药芯，以棉、麻等纤维为被覆材料，能传递爆轰的索状起爆器材，为与导火索区别，表面染成红色。抗水性很好，可在水下起爆，导爆索起爆就是利用导爆索的爆炸直接引起药包的爆炸（不用雷管） |
| 导爆管 | 是一根外径 3mm、内径 1.5mm、内壁涂有薄层单质炸药的薄塑料软管，这种起爆材料具有抗火、抗电、抗水、抗冲击以及导爆安全等特点。导爆管不能直接引爆炸药，必须由普通雷管或非电毫秒雷管配合起爆炸药。导爆管传爆可靠，但使用时应防止打结 |

### 1.5.2 炸药量计算

#### 1.5.2.1 爆破漏斗

爆破中，部分或大部分介质抛掷出去后，在地面形成一个爆破坑，其形状如漏斗，称为爆破漏斗（图 1-35）。

爆破漏斗的主要参数有：最小抵抗线 $w$、漏斗半径 $r$、爆破作用半径 $R$、漏斗可见深度 $h$。

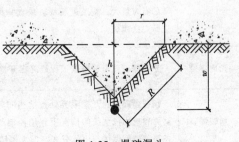

图 1-35　爆破漏斗

爆破漏斗的大小和形状反映爆破作用的程度，一般用爆破作用指数 $n = r/w$ 来表示。当 $n = 1$ 时，称标准抛掷漏斗；当 $n < 1$ 时，称减弱抛掷漏斗；当 $n > 1$ 时，称加强抛掷漏斗。爆破作用指数 $n$ 是划分不同爆破类型的依据，而炸药量的计算又是以标准爆破漏斗为理论依据。

#### 1.5.2.2 炸药量计算方法

炸药量计算是以标准抛掷漏斗为依据，假定用药量的大小与漏斗内的土石方体积和岩石的坚硬程度成正比，则计算炸药量 $Q$ 的基本公式为：

$$Q = eqV \tag{1-31}$$

式中 $q$——爆破 $1m^3$ 岩石所消耗的炸药量（$kg/m^3$），根据施工手册参考值与爆破试验确定，例如，对于5、6类土，标准爆破漏斗的单位耗药量为 $1.25 \sim 1.5 \text{ kg/m}^3$；

$e$——炸药换算系数，是以1号露天硝铵炸药为标准，计算各种炸药量时的换算系数，如1号岩石炸药的 $e = 0.80$，2号岩石炸药的 $e = 0.88$，耐冻的62%胶质炸药的 $e = 0.78$ 等等；

$V$——被爆炸岩石的体积（$m^3$）。

考虑 $V$ 与 $W$ 的关系及爆破作用的影响，各种爆破作用下的药量计算公式见表1-16。

各种爆破作用下的药量计算　　　　　表1-16

| 爆破作用类型 | 标准抛掷爆破 | 加强或减弱抛掷爆破 | 松动爆破 | 内部爆破 |
|---|---|---|---|---|
| 计算公式 | $Q = eqW^3$ | $Q = (0.4 + 0.6n^3)eqW^3$ | $Q = 0.33eqW^3$ | $Q = 0.2eqW^3$ |

### 1.5.3 爆破方法

#### 1.5.3.1 常见爆破方法

在土木工程中，常见的爆破方法见表1-17。

常见爆破方法　　　　　表1-17

| 爆破方法 | 特 点 | 应 用 |
|---|---|---|
| 浅孔爆破 | 浅孔爆破法装药孔径为28~50mm，孔深为0.5~5 m，可用风钻或人工打设，施工操作简单，耗药量少，飞石距离近，岩石破碎较均匀，易于控制开挖面的形状，但爆破量小，效率低，钻孔工作量大 | 可在各种复杂的地形条件下施工，是用得最普遍的一种爆破方法 |
| 深孔爆破 | 深孔爆破炮孔直径75~120mm，深度5~15m，是采用延长药包的一种爆破方法。炮孔多采用冲击式钻机和潜孔钻机打成，再配合挖运机械实现石方施工机械化。此法的优点是效率高，每次爆破的石方大，施工进度快。缺点是爆落的岩石不均匀，往往要进行二次爆破 | 大型土石方工程的爆破 |
| 光面爆破 | 光面爆破就是使爆破工程最终在开挖面上破裂成平整的光面 | 隧道及井巷施工 |
| 预裂爆破 | 预裂爆破是在开挖限界处按适当间隔排列炮孔，在没有侧向临空面和最小抵抗线的情况下，用控制炸药量的方法，预先炸出一条裂缝使拟爆体与山体分开，作为隔震减震带 | 考虑保护和减弱开挖界限以外山体或建筑物的地震破坏作用时采用 |

续表

| 爆破方法 | 特点 | 应用 |
|---|---|---|
| 洞室爆破 | 洞室爆破法就是把炸药装进开挖好的洞室内进行爆破的方法，操作简单，爆破效果好，不受炸药品种限制，但开洞工作量大，堵洞较困难 | 移山填海等大型工程 |

#### 1.5.3.2 爆破设计与施工

下面以深孔爆破为例简要介绍一下爆破的设计与施工：

(1) 梯段

进行深孔爆破要求先将地面修成台阶，称为梯段，倾角 $\alpha$ 为 60°~75°，高度 $H$ = 5~15m。

(2) 炮孔布置

炮孔方向：分垂直孔和斜孔两种（图1-36 和图1-37）。

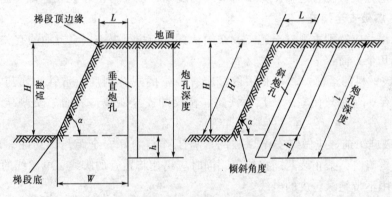

图1-36　垂直和斜炮孔梯段面

炮孔直径 $D$：80~300mm；超钻长度 $h$ 是梯段高度的 10%~15%。

垂直孔的深度（m）：$l = H + h$ (1-32)

斜孔的深度（m）：$l = H' + h$ (1-33)

炮孔间距（m）：$a = mW$ (1-34)

底板抵抗线（m）：$W = D\sqrt{\dfrac{7.85\rho\tau l}{qmH}}$ (1-35)

式中　$m$——系数（约为 0.6~1.4，常取 0.7~0.85）；

　　　$D$——钻孔直径（dm）；

　　　$\rho$——炸药密度（kg/m³）；

　　　$q$——单位耗药量（kg/m³）；

图1-37　炮孔布置立面图

　　　$\tau$——深孔装药系数，当 $H$ < 10m，$\tau$ = 0.6；$H$ = 10~15m，$\tau$ = 0.5；$H$ = 15~20m，$\tau$ = 0.4。

炮孔与梯段顶边缘的距离 $L$ 值：$L = W - H\cot\alpha$ (1-36)

为确保凿岩机作业的安全，$L$ 值应大于 2~3m，否则需调整 $W$ 值。

炮孔排距 $b$：$b = W$

炸药量 $Q$（kg）：$Q = eqWHa$  (1-37)

式中　$e$——炸药换算系数。

(3) 施工

1) 凿岩　凿岩可采用风钻、内燃凿岩机等。在小工作面用风钻凿岩时可采用手持式，工作面较大时采用支架式。内燃凿岩机可用于险要地形的凿岩。

2) 装药　对于一般高工作面的岩石，可采用孔底集中装药，这种装药方法的优点是装药效率高，缺点是岩石破碎不均匀，有时大块率很高，需要二次破碎；为使岩石破碎均匀，可采用炸药沿孔深方向的分散装药法；对于大量而集中的石方爆破，可先在炮孔底部炸成葫芦形的储药室，然后在药室中大量装药，这种装药方法叫药壶装药。

3) 炮孔填塞　为防止爆破时炸药沿炮孔方向冲出，形成冲天炮，必须在装完药后对炮孔进行填塞，最好用一份黏土、三份砂在最佳含水量下混合而成的填塞料进行填塞。

4) 起爆和清方　有时为了避免拒爆，可采用两套起爆线路，即复式起爆法。崩落的岩石要采用挖方机械配合运输工具及时清理出现场，以备再次爆破或进行其他作业。

### 1.5.4　爆破安全措施

爆破工程，应特别重视安全施工，必须认真贯彻执行爆破安全方面的有关规定，尤其应注意以下几个方面：

(1) 爆破材料的运输、贮存和领取，应有严格的规章制度。雷管和炸药不得同车装运、同库贮存。仓库与住宅、工厂、铁路、桥梁的安全距离应符合有关规定，并严加警卫。

(2) 爆破施工前，应做好安全爆破的准备工作，划好安全距离，立好标志并设警戒哨。闪电、雷鸣时，禁止装药、接线等，同时应迅速将雷管的脚线、电源线的两端分别绝缘，禁止使用不带绝缘包皮的电线。

(3) 炮眼深度超过 4m，须用两个雷管起爆；炮孔深度超过 10m，则不得用火花起爆。若爆破时发生拒爆，必须先查清原因后再进行处理。

(4) 必要时，爆破前还需事先计算地震、空气冲击波、飞石和毒气的安全距离。

思 考 题 与 习 题

1-1　设计无特殊要求时，场地设计标高确定的原则是什么？

1-2　简述平整场地土方量的计算步骤。

1-3　挖土机械的应用条件是什么？

1-4　提高各挖土机械效率的措施有哪些？

1-5　阐述土方调配的方法和步骤。

1-6　简述压实方法及应用条件。

1-7　确保土坡稳定的途径（或措施）有哪两大类？

1-8　锚板桩失稳的主要原因是什么？

1-9　简述流砂的危害、原因及防治。

1-10　施工中常用的爆破方法有哪些？爆破施工应采取的安全措施有哪些？

1-11　某场地如图 1-38 所示，方格边长 40m。

(1) 确定场地平整的计划标高，确定方格角点的施工高度，绘出零线，计算挖填土方量；

(2) 当 $i_x = 0.3\%$，$i_y = 0$ 时，确定方格角点的计划标高；

(3) 当 $i_x = 0.3\%$，$i_y = 0.3\%$ 时，确定方格角点的计划标高。

1-12 某基坑深 5m，底面积为 30m×40m，地下水在地面下 1.2m 处，不透水层在地表下 10m。地下水为无压水，渗透系数为 $K = 15m/d$，基坑边坡为 1:0.5。现采用轻型井点降水系统降低地下水位，绘制井点降水系统的平面和高层布置并计算涌水量、井点管数和间距。

1-13 某土方工程挖土区和填土区以及之间的运距见下表，试用"表上作业法"求土方量的最优调配方案。

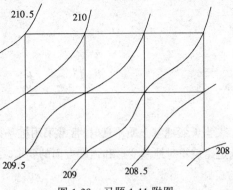

图 1-38 习题 1-11 附图

| 挖方区 \ 填方区 | $T_1$ | $T_2$ | $T_3$ | 挖方量（m³） |
|---|---|---|---|---|
| $W_1$ | 40 | 70 | 30 | 300 |
| $W_2$ | 90 | 60 | 50 | 500 |
| $W_3$ | 80 | 30 | 70 | 650 |
| 填方量（m³） | 200 | 750 | 500 | 1450 |

# 2 桩基工程

当天然地基土质不良时,常常采用桩基础,将上部荷载传递到深处承载能力较大的土层,以满足建筑物对地基变形和强度方面的要求。桩基础按施工方法的不同,分为预制桩和灌注桩。

## 2.1 预制桩施工

预制桩是在工厂或施工现场制成的各种材料和形式的桩。预制桩的沉桩方式主要有锤击沉桩、压桩、水冲沉桩和振动沉桩等。

### 2.1.1 预制桩施工的服务类工程

预制桩的服务类工程主要包括桩的制作、起吊、运输、堆放等。

#### 2.1.1.1 制作

预制桩一般桩长应小于30m,混凝土强度等级不宜低于C30。桩身钢筋应对焊接长,在桩尖和桩顶处钢筋需加密(见图2-1)。

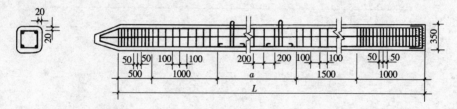

图 2-1 钢筋混凝土预制桩

#### 2.1.1.2 起吊、运输、堆放

预制桩在混凝土达到设计强度的70%以上时,方允许起吊,达到100%时才允许运输和打桩。吊(支)点位置的选择要以附加弯矩最小为原则,见图2-2。

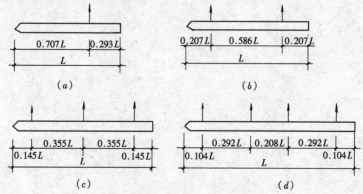

图 2-2 桩的吊点位置
(a) 1个吊点;(b) 2个吊点;(c) 3个吊点;(d) 4个吊点

预制桩的运输应根据打桩顺序，随打随运。运距小时，可采用滚筒，用卷扬机拖运；运距较大时，可采用汽车或平台车运输。

预制桩堆放层数不宜超过4层。

#### 2.1.2 预制桩施工方法

预制桩的打桩机械包括桩锤、桩架和动力设备三部分。其施工过程包括桩架移动和定位、吊桩、打桩、截桩和接桩等。

##### 2.1.2.1 打桩机械

（1）锤击设备

施工中常用的桩锤有落锤、单动气锤、双动气锤、柴油锤等。其中柴油锤因其轻便，故应用最多，但由于噪声、污染等原因，在城市已很少应用。其工作原理如图2-3所示。柴油锤不适合在极软或极硬的土中打桩。

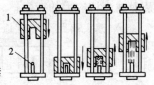

图2-3 柴油打桩锤的工作原理
1—汽缸；2—喷嘴

（2）桩架和动力设备

桩架和动力设备的选择应与桩锤配套，常见桩架见图2-4。

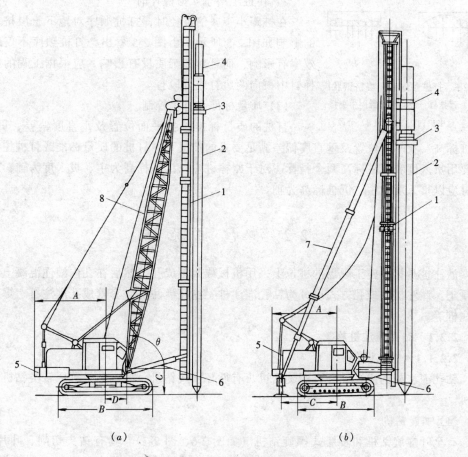

图2-4 打桩机外形图
（a）起重机式打桩机；（b）柴油打桩机
1—立桩；2—桩；3—桩帽；4—桩锤；5—机体；6—支撑；7—斜撑；8—起重杆

#### 2.1.2.2 施工过程

(1) 锤击方式

包括轻锤高击和重锤低击。一般多采用重锤低击,其原因有以下两点:

1) 桩身在受锤击时产生的应力波的波长($L$)约为锤重量($Q$)与每米长桩重($q$)之比的3倍,即,$L \approx 3Q/q$,而 $L$ 越小,桩身越容易出现拉应力。重锤低击能使 $L$ 增大,从而减少拉应力的产生;

2) 锤头落距高,桩顶应力大,易打坏桩头。

(2) 打桩顺序

通常的打桩顺序有逐排打、自中央向两边打、自两边向中央打、分段打等几种方式。确定打桩顺序应遵循以下原则:

1) 在桩距大于4倍桩径时

打桩顺序对质量影响不大,只需从提高效率出发确定打桩顺序,选择倒行和拐弯次数最少的顺序。

2) 在桩距小于4倍桩径时

在桩距小于4倍桩径时,打桩顺序对地下土层挤压状态的影响如图2-5所示。由图2-5看出,打桩顺序不仅对施工效率有影响,而且对施工质量有影响,应根据工程的特点选择自中央向两边打或分段打。

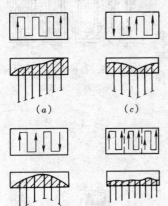

图2-5 打桩顺序和土壤挤密状况
(a) 逐排打; (b) 自边缘向中央打;
(c) 自中央向边缘打; (d) 分段打

(3) 质量标准和打桩控制

打桩的质量标准包括平面位置及垂直度偏差、贯入度、沉桩标高。在平面位置及垂直度偏差满足要求的前提下,打桩的质量标准或打桩控制标准主要用贯入度和沉桩标高两个指标。对于摩擦桩应以沉桩标高为主、贯入度为辅;对于端承桩应以贯入度为主、沉桩标高为辅。

## 2.2 灌注桩施工

灌注桩是指在施工现场的桩位上采用机械或人工成孔,然后在孔内灌注混凝土或钢筋混凝土。灌注桩按成孔方式可分为钻孔灌注桩、挖孔灌注桩、套管成孔灌注桩、爆扩成孔灌注桩等。

### 2.2.1 钻孔灌注桩施工

#### 2.2.1.1 钻孔设备

钻孔灌注桩的成孔设备有螺旋钻机、有循环水式钻机、潜水钻机等回转类钻机和冲击钻机。

(1) 螺旋钻机

有全叶螺旋钻机和步履式螺旋钻机(如图2-6、图2-7)。具有钻头切削、叶片排土、干作业等特点,适用于地下水以上的黏性土成孔,成孔直径一般为300~500mm,深度在8~12m左右。

(2) 有循环水式回转钻机

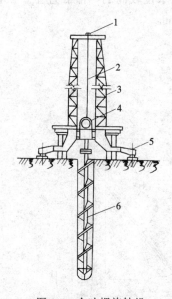 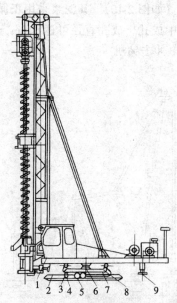

图 2-6 全叶螺旋钻机
1—导向滑轮；2—钢丝绳；
3—龙门导架；4—动力箱；
5—千斤顶支腿；6—螺旋钻杆

图 2-7 步履式螺旋钻机
1—上盘；2—下盘；3—回转滚轮；
4—行走滚轮；5—钢丝滑轮；6—回
转中心轴；7—行车油缸；8—中盘；
9—支撑轴

有循环水式回转钻机具有钻头回转切削、泥浆循环排土、泥浆保护孔壁等特点，是一种湿作业方式，施工时地面泥泞。主要适用于地下水位较高的硬黏土或软石成孔，成孔直径小于1m，成孔深度为20~30m，多用于高层建筑的桩基础施工。

泥浆具有排渣和护壁作用，根据泥浆循环方式，分为正循环和反循环两种施工方法（如图2-8、图2-9）。前者适用于小直径孔（$\phi < 0.8m$），后者适用于大直径孔（$\phi > 0.8m$）。

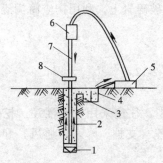 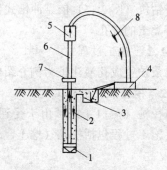

图 2-8 正循环工艺原理
1—钻头；2—泥浆循环方向；3—沉淀池；4—泥浆池；
5—泥浆泵；6—水龙头；7—钻杆；8—回转装置

图 2-9 反循环工艺原理
1—钻头；2—新泥浆流向；3—沉淀池；4—砂石泵；
5—水龙头；6—钻杆；7—回转装置；8—混合液流向

正循环具有设备简单、操作方便、小孔径效率较高等优点，但泥浆反流速度低，排渣能力较弱。反循环成孔是目前大直径桩成孔的有效的先进的施工方法。

(3) 潜水钻机

潜水钻机的成孔机理与回转钻机相同，但动力、变速机构、钻头连在一起位于水下，故轻便（如图2-10）。其泥浆采用正循环。适用于地下水位较高的一般黏性土、淤泥质土及沙土中成孔，成孔直径可达0.8m，成孔深度可达50m。

（4）冲击钻机

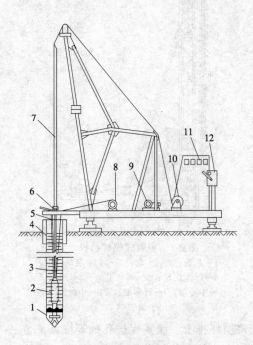
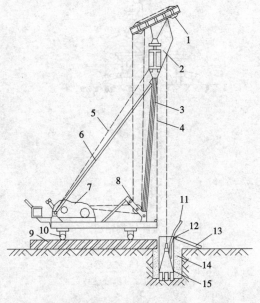

图2-10 潜水钻机
1—钻头；2—潜水钻机；3—电缆；4—护筒；5—水管；6—滚轮；7—钻杆；8—电缆盘；9、10—卷扬机；11—电压表；12—开关

图2-11 冲击钻孔
1—副滑轮；2—主滑轮；3—主杆；4—前拉索；5—后拉索；6—斜撑；7—卷扬机；8—导向轮；9—垫木；10—钢管；11—供浆管；12—溢流口；13—泥浆流槽；14—护筒回填土；15—钻头

冲击钻机（图2-11）依靠冲锥式钻头下落冲击和破碎岩土，利用掏渣筒掏渣，主要应用于岩石类土的成孔。

**2.2.1.2 施工过程**

以泥浆护壁成孔灌注桩为例介绍施工过程，见图2-12。

**2.2.2 挖孔灌注桩施工**

大直径桩（$\phi=1\sim5$m）由于受到钻孔设备的限制，往往采用挖孔灌注。挖孔灌注桩施工主要施工过程包括挖孔（挖土、运土）、辅助工程（支护、降水、通风）和钢筋混凝土工程。

目前，国内主要采用人工挖土成孔，而国外挖孔方法一般为机械挖土。

挖孔灌注桩的支护方法包括钢筋混凝土护圈（图2-13）、沉井护圈和钢套管护圈。其中钢筋混凝土护圈适用于无涌水或有涌水但可通过排降水方法排除工作面涌水的土层；沉井护圈适合于强透水层；而钢套管护圈也主要用于强透水层。

**2.2.3 套管成孔灌注桩施工**

套管成孔灌注桩又称打拔管灌注桩，有振动沉管灌注桩和锤击沉管灌注桩两种。主要应用于可塑、软塑、流塑的黏性土，稍密及松散的沙土。

振动沉管灌注桩施工时利用振动桩锤将钢套管沉入土中，其主要施工设备见图2-14，主要施工过程见图 2-15。

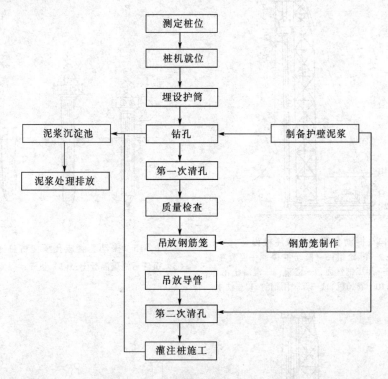

图 2-12 泥浆护壁成孔灌注桩施工程序

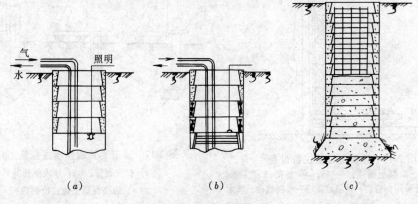

图 2-13 混凝土墩身施工
(a) 在护圈保护下开挖土方；(b) 支模板和浇筑混凝土护圈；(c) 浇筑墩身混凝土

锤击沉管灌注桩施工时，利用落锤或蒸汽锤将钢套管沉入土中成孔，其主要施工设备见图 2-16，主要施工过程见图 2-17。

打入钢管下端的桩靴有钢筋混凝土桩靴、钢活瓣桩靴两种形式，如图 2-18 所示。拔管的方式有三种：单打法、复打法和反插法。所谓单打法即一次拔管法。拔管时每提升 0.5m～1.0m，振动 5～10s 后，再拔管 0.5～1.0m，如此反复进行，直到全部拔出为止；复打法即在同一桩孔内进行两次单打，或根据要求进行局部复打（如图 2-19）；反插法就是钢管每提升 0.5m，再下沉 0.3m（或提升 1m，下沉 0.5m），如此反复进行，直到全部拔出为止。

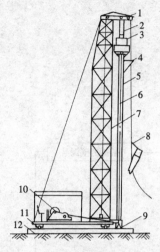

图2-14 振动套管成孔灌注桩设备
1—导向滑轮；2—滑轮组；3—振动桩锤；4—混凝土漏斗；5—桩管；6—加压钢丝绳；7—桩架；8—混凝土吊斗；9—活瓣桩靴；10—卷扬机；11—行驶用钢管；12—枕木

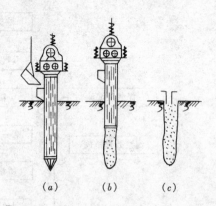

图2-15 振动套管成孔灌注桩施工过程
(a) 沉管后浇筑混凝土；(b) 拔管；(c) 插入钢筋

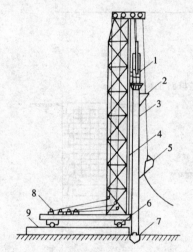

图2-16 锤击沉管灌注桩设备
1—桩锤；2—混凝土漏斗；3—桩管；4—桩架；5—混凝土吊斗；6—行驶用钢管；7—预制桩靴；8—卷扬机；9—枕木

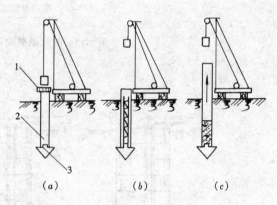

图2-17 锤击套管成孔灌注桩施工过程
(a) 打入钢管；(b) 放入钢筋笼；
(c) 边浇混凝土边拔出钢管

拔管时，应根据土质条件控制拔管速度，一般约1m/min。一次拔管高度控制在0.5～1m左右，振动时间为5～10s。管内混凝土第一次尽量灌满，分段添加混凝土应使管内混凝土量大于2m。套管成孔灌注桩常出现如下一些施工质量问题：

(1) 断桩：桩身混凝土强度不足，桩距过小，受临桩打管时挤压所致。因此当桩距小于3.5倍桩径时，为避免断桩可采用跳打法或间隔时间打桩法。

(2) 缩颈：在饱和淤泥质土中拔管速度快或混凝土流动性差或混凝土装入量少，使混凝土出管扩散性差，空隙水压大，挤向新浇混凝土，导致桩径截面缩小。施工时要保证混凝土连续浇筑，管内混凝土保持在2m以上，同时要控制拔管速度。

(3) 吊脚桩：桩靴强度不够，打管时被打坏，水或泥沙进入套管；或活瓣未及时张开，导致桩底部隔空。避免吊脚桩，可采取慢拔密振方法，或第一次拔管时多反插几次。

(4) 有隔层：骨料粒径大或混凝土和易性差或拔管速度快，导致泥沙进入使桩身不连续。解决隔层问题一是提高混凝土的流动性，二是在施工工艺上采取慢拔密振和控制拔管速度等方法加以解决。上述问题严重时，可拔出管桩，填砂重打。

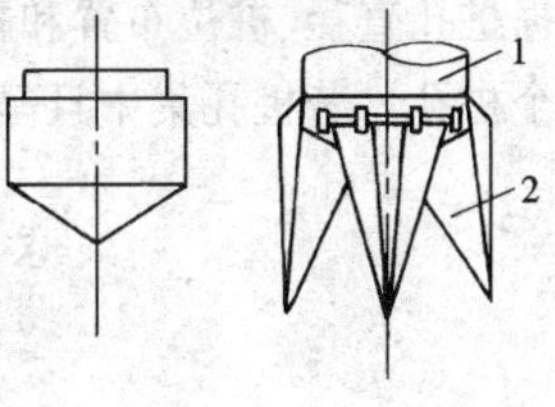

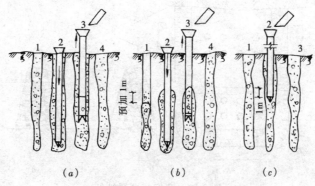

图 2-18 桩靴示意图
(a) 钢筋混凝土桩靴；
(b) 钢活瓣桩靴
1—桩管；2—活瓣

### 2.2.4 爆扩桩

爆扩桩就是利用爆炸的方法使土壤压缩，形成桩孔和扩大头，适用于在土中成孔。其主要施工过程如图 2-20 所示。

爆扩桩在施工时，首先应根据土的类别和桩身直径确定桩孔爆破时的装药量，并根据扩大头直径确定扩大头爆破时的装药量。爆破时第一次混凝土的灌入量为 2~3m 桩孔深或扩大头体积的 50%。

图 2-19 复打法示意图
(a) 全部复打；(b)(c) 局部复打
1—单打桩；2—沉管；3—第二次浇筑混凝土；4—复打桩

爆扩桩的引爆顺序应遵循先浅后深的原则。

### 2.2.5 水域灌注桩施工

在桥梁、港口、码头等水域构筑物或建筑物，常把钻孔桩作为基础的主要结构形式。

水域施工场地根据其建筑方法的不同有围堰筑岛施工场地和水域工作平台。围堰筑岛的方法适用于水浅、流速缓、河床不透水的情况（如图 2-21、图 2-22）。

水域工作平台主要有船式工作平台和支架式工作平台。船式工作平台按其结构形式不同可分为航式单体船工作平台、航式双体船工作平台和托船式双体船工作平台三种形式。单体船工作平台结构简单，移动方便，工作面积小，适用于桩少而分布范围广的桩基施工。航式双体船工作平台由两个单体船工作平台拼装而成，结构简单，移动方便，工作面积较大，适用范围较广。托船式双体船工作平台由两艘不能自航的拖船拼装而成，靠另外的船舶托航，是在近岸水域工作中常采用的形式(图2-23)。拼装成的平台应具有足够的稳定性，其拼装距离应根

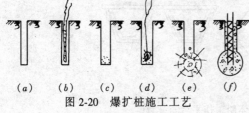

图 2-20 爆扩桩施工工艺
(a) 钻导管；(b) 放入炸药管；(c) 炸扩桩孔；
(d) 放入炸药包，并灌入扩大头体积50%的混凝土；
(e) 炸扩大头；(f) 放入钢筋骨架并浇筑混凝土

据桩孔直径、桩位布置和打桩设备安装尺寸综合确定。一般拼装后的平台每次定位仅施工一个桩孔。若桩孔集中且呈直线排列,可每次施工数根桩,如图2-24。

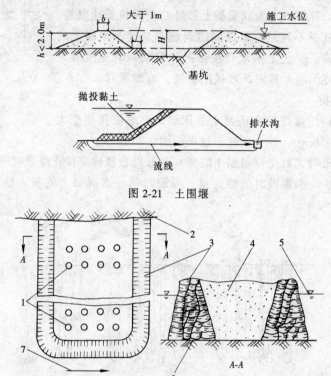

图 2-21 土围堰

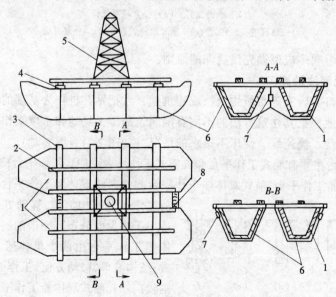

图 2-22 草麻袋围堰筑岛
1—桩孔;2—河岸;3—围堰;4—填芯沙土;5—常水位;6—河床;7—水流方向

图 2-23 拖船式双体船工作平台
1—船体;2—基台木;3—横梁;4—船舷木垫;5—塔架;
6—钢丝绳;7—紧绳器;8—横撑木;9—桩孔

支架式工作平台是在待施工的桩位水域处，用露出水面的桩作为支架桩，再用钢梁或其他构件牢固连接，成为平台支架。在支架上布设纵、横梁和地板等设施，从而形成支架平台，如图 2-25。

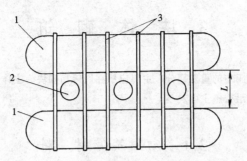

图 2-24 桩孔集中时船的拼装架设
1—浮船；2—桩孔；3—拼装梁

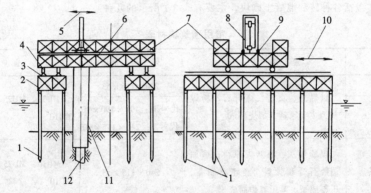

图 2-25 支架式活动工作平台
1—支架；2—固定工作平台；3—活动平台轨道；4—平台滚轮；5—钻机移动方向；6—钻机轨道；7—活动工作平台；8—钻机；9—钻机滚轮；10—活动工作平台移动方向；11—护筒；12—桩孔

## 思 考 题 与 习 题

2-1 预制桩吊点位置、原则是什么？
2-2 应用最广的桩锤及其应用条件是什么？
2-3 打桩顺序有哪些？如何确定打桩顺序？
2-4 阐述灌注桩的施工方法。
2-5 泥浆作用是什么？叙述正循环、反循环及应用条件。
2-6 试述套管成孔灌注桩常见质量问题、工艺方式、作业参数、施工顺序。
2-7 简述水域灌注桩施工的三种工作平台。

# 3 块体砌筑

块体砌筑是土木工程施工中的重要部分,主要应用在以砖和砌块为主体的混合结构和框架、剪力墙等结构的维护结构以及桥梁墩台施工中。

## 3.1 砌筑材料

### 3.1.1 砌筑块体

常用的块体包括各种砖和混凝土砌块,主要有表3-1所示的几种。

**常用砌筑块材表** 表3-1

| 种类 | 制作方法 | 规格(mm) | 强度等级 |
|---|---|---|---|
| 烧结普通砖 | 以黏土、页岩、煤矸石、粉煤灰为主要原料,焙烧而成 | 240×115×53 | MU30、MU25、MU20、MU15、MU10 |
| 烧结多孔砖 | | 代号M:190×190×90<br>代号P:240×115×90 | |
| 蒸压粉煤灰砖 | 以粉煤灰、石灰为原料,掺加适量石膏和骨料,经坯料制备、压制成型、蒸压养护而成 | 240×115×53 | MU30、MU25、MU20、MU15、MU10 |
| 蒸压灰砂砖 | 以石灰和砂为主,经坯料制备、压制成型、蒸压养护而成 | 240×115×53 | MU25、MU20、MU15、MU10 |
| 小型混凝土空心砌块 | 以水泥、砂、石和水制成,有竖向方孔 | 390×190×190 | MU20、MU15、MU10、MU7.5、MU5、MU3.5 |
| 轻骨料混凝土小型空心砌块 | 以水泥为胶结材料,以陶粒、煤渣、煤矸石等各种轻骨料为粗细骨料,搅拌振动成型、养护而成 | 390×190×190 | MU10、MU7.5、MU5、MU3.5、MU2.5、MU1.5 |
| 粉煤灰小型空心砌块 | 以水泥为胶结材料,以粉煤灰等为骨料,搅拌振动成型、养护而成的各种小型空心砌块 | 390×190×190 | MU15、MU10、MU7.5、MU5、MU3.5、MU2.5 |

### 3.1.2 砌筑砂浆

块体砌筑中常用的砌筑砂浆有水泥砂浆、掺有石灰膏的水泥混合砂浆、粉煤灰水泥砂浆和粉煤灰混合砂浆等。砂浆的组成材料主要有水泥、石灰、砂和水等,应满足表3-2的技术要求。

| 砂浆组成材料技术要求 | | 表 3-2 |
|---|---|---|
| 材料名称 | 技 术 要 求 | |
| 水泥 | 品种应根据试验配合比选择，以重量计量配料 | |
| 石灰 | 用网过滤并充分熟化，严禁使用脱水硬化的石灰膏。加白灰膏，熟化时间不得少于7d | |
| 砂 | 宜采用中砂，并应过筛。大于等于 M5 的水泥混合砂浆，含泥量不应超过 5%，小于 M5 的水泥混合砂浆，含泥量不应超过 10% | |
| 水 | 宜采用饮用水，其他水质必须符合《混凝土拌和用水标准》(JGJ63—89) 的规定 | |

砌筑砂浆的配合比应经试验确定，并严格执行。配制砂浆应采用重量比，计量要准确。砌筑砂浆应采用机械拌和，自投料完算起，搅拌时间不得少于 1.5min。拌制完成的砌筑砂浆应具有良好的和易性，硬化后具有一定的强度和粘结力。

## 3.2 烧结普通砖砌筑施工

### 3.2.1 组砌方式

烧结普通砖墙体中：120墙采用全顺砌筑；240墙、370墙采用一顺一丁、梅花丁、三顺一丁砌筑；490墙采用一顺一丁等砌筑形式。图 3-1 所示即为常见砖墙的组砌方式。

### 3.2.2 砌筑工艺

砌筑墙体的施工过程有抄平、放线、摆砖、立皮数杆、盘角、挂线和砌筑等。

（1）抄平：在基础顶面或楼面上定出各层标高，用水泥砂浆或细石混凝土找平。

（2）放线：根据龙门板上标志，弹出墙身轴线、边线，划出门窗位置。

（3）摆砖：在放好线的基面上按选定的组砌方式试摆。其目的是核对门窗洞口、附墙垛等处是否符合砖的模数，以减少砍砖。

（4）立皮数杆：皮数杆上标明皮数和竖向构造的变化部位。一般立在房屋的四大角、内外墙交接处、楼梯间以及洞口多的地方（图 3-2）。

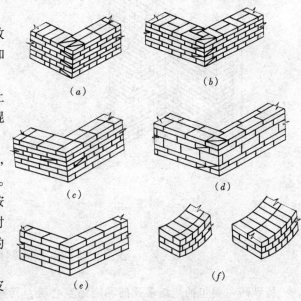

图 3-1 砖墙各种组砌方式
(a)一顺一丁；(b)梅花丁；(c)三顺一丁；
(d)两平一侧；(e)全顺；(f)全丁

（5）盘角：所谓盘角就是根据皮数杆先在四大角和交接处砌几皮砖，并保证其垂直平整。

（6）挂线：为保证墙体垂直平整，砌筑时必须挂线。超过 370mm 的墙体，必须双面挂线。

（7）砌筑：基本原则是上下错缝、内外搭砌、避免垂直通缝和包心砌法。常用砌筑方法是"三一"砌筑法，即一铲灰、一块砖、一挤揉。其优点是砂浆饱满、粘结力好、墙面整洁。一般转角和交接处必须同时砌起，如不能同时砌起而必须留槎时，应留斜槎（图3-3）。如留斜槎确有困难，除转角外，可留直槎（图3-4）。

砖砌体必须满足"横平竖直、砂浆饱满、组砌得当、接槎可靠"的质量要求，其尺寸和位置的偏差不能超过规范规定的允许偏差值。

为了提高多层砖砌体房屋的抗震性能，设置钢筋混凝土构造柱是一种有效的措施。构造柱一般最小截面为240mm×240mm，竖向配筋一般为4ϕ12，箍筋直径为4~6mm，间距不大于250mm，上、下两端加密区箍筋间距不宜大于100mm。

砖墙和构造柱沿墙高每隔500mm（8皮砖）应设置2根直径6mm的水平拉结筋。构造柱混凝土宜在每层房屋墙体砌筑完成后浇筑，为了保证构造柱混凝土和砌体的有效连接，砖墙与构造柱交接处应留设马牙槎。从每层柱角开始，马牙槎先退后进。

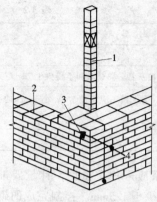

图3-2 皮数杆示意图
1—皮数杆；2—准线；
3—竹片；4—圆钉

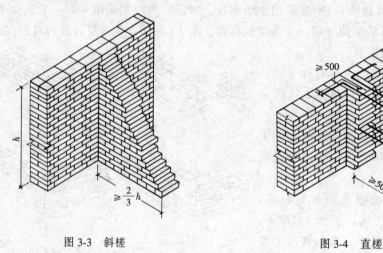

图3-3 斜槎　　　　　　图3-4 直槎

## 3.3 特殊砖砌体施工

特殊砖主要包括烧结多孔砖和烧结空心砖，其施工工艺与普通黏土砖有所不同。

### 3.3.1 烧结多孔砖施工

#### 3.3.1.1 组砌方式

代号为M的多孔砖砌筑形式只有全顺（图3-5），代号为P的多孔砖的砌筑方式有一顺一丁和梅花丁两种（图3-6）。

#### 3.3.1.2 施工工艺

多孔砖在施工时，抓孔应平行于墙面，保证墙体的受压性能。宜采用"三一"砌筑法，并做到灰缝横平竖直。水平灰缝砂浆饱满度不得小于80%；竖缝应采用刮浆法，不得出现透明缝。

多孔砖的转角和交接处应同时砌筑，临时间断处宜留斜槎，其留设方法如图3-7。

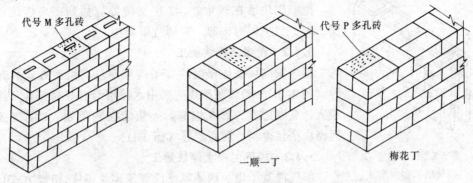

图3-5 代号为M的多孔砖组砌方式　　图3-6 代号为P的多孔砖组砌方式

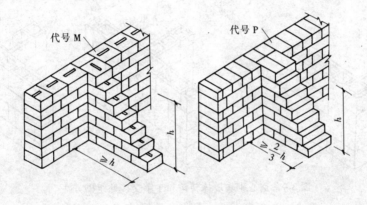

图3-7 多孔砖斜槎

### 3.3.2 烧结空心砖施工

烧结空心砖墙体厚度应等于空心砖厚度，其组砌方式如无特殊要求，一般采用全顺侧砌。

空心砖砌筑宜采用刮浆法，灰缝应横平竖直，宽度适宜。水平灰缝砂浆饱满度不得小于80%，竖缝不得出现透明缝。

受砖墙尺寸限制，不能整砖砌筑时，应采用无齿锯制作非整块砖，不得采用砍凿的方法。空心砖应同时砌筑，不得留设斜槎。

## 3.4 砌 块 施 工

砌块包括混凝土空心砌块、粉煤灰砌块和加气混凝土砌块等。

### 3.4.1 混凝土空心砌块施工

#### 3.4.1.1 组砌方式

混凝土空心砌块采用全顺砌筑，砌块空洞上下相互对准，如图3-8。

#### 3.4.1.2 施工工艺

混凝土空心砌块砌筑时，应遵守"反砌"规则，砌块底面朝上。灰缝应横平竖直，宽度适宜。水平灰缝砂浆饱满度不得小于90%，竖缝不得出现透明缝，砂浆饱满度不低于

80%。

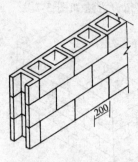

图3-8 混凝土空心砌块墙的砌筑形式

空心砌块墙在转角处、T字交接处应做到砌块搭接得当（如图3-9），且应同时砌起，否则宜留斜槎。

### 3.4.2 粉煤灰砌块施工

粉煤灰砌块墙体厚度应等于砌块厚度，组砌方式只有全顺一种（图3-10）。粉煤灰砌块应采用水泥混合砂浆砌筑。灰缝应横平竖直，宽度适宜，砂浆饱满。砌块墙在转角处、T字交接处应做到砌块搭接得当，防止通缝（图3-11）。

### 3.4.3 加气混凝土砌块施工

加气混凝土砌块墙体厚度应等于砌块厚度，组砌方式只有全顺一种。上、下皮错开不小于砌块长度的1/3，否则应在水平灰缝中加设钢筋网片（图3-12）。

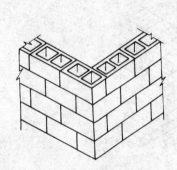 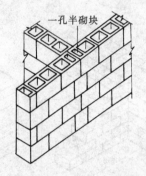 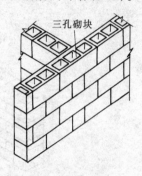

图3-9 空心砌块墙体转角和T字交接处组砌方法

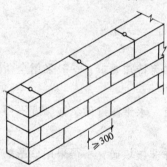 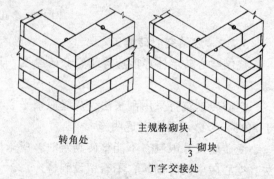

图3-10 粉煤灰砌块组砌方式　　图3-11 粉煤灰砌块转角处及交接处砌法

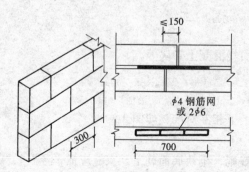 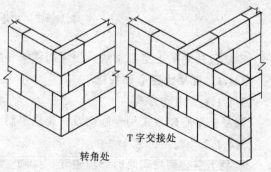

图3-12 加气混凝土墙砌筑形式　　图3-13 加气混凝土砌块转角处及交接处砌法

加气混凝土砌块砌筑时，应向砌筑面浇水，以保证灰缝横平竖直，砂浆饱满。墙体转角处和 T 字交接处，应交接可靠，不得出现通缝（图 3-13）。

### 3.4.4 中小型砌块的吊装工艺

中小型砌块一般多采用专用设备吊装砌筑，如起重机、井架以及台灵架等。吊装前应做好砌块排列图，做到不镶砖或少镶砖。砌块排列时，应注意墙体尺寸、门窗过梁位置、楼梯位置等，以便合理使用砌块。如图 3-14 所示为层高 3m 的混凝土空心砌块建筑的砌块排列图，基本做到了不镶砖。

吊装的方案有两种：一是以塔式起重机运输砌块、砂浆和楼板等，用台灵架吊装砌块。二是用井架进行垂直运输，用砌块车做水平运输，用台灵架吊装砌块。其中，第二种方案为工程上常用的方法，如图 3-15 所示。

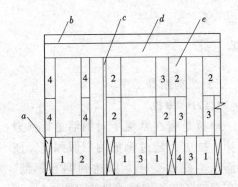

图 3-14 纵墙混凝土砌块排列图
$a$—空心砌块顶砌；$b$—楼板；$c$—立柱；
$d$—圈梁；$e$—空心砌块顺砌

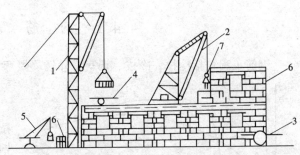

图 3-15 砌块吊装方案
1—井架；2—台灵架；3—杠杆车；4—砌块车；
5—少先吊；6—砌块；7—砌块夹

思 考 题 与 习 题

3-1 烧结普通砖砌筑质量要求有哪些？如何确保施工质量？
3-2 简述烧结普通砖组砌形式、特点和应用。
3-3 简述烧结普通砖砌筑的工艺方法。
3-4 试述烧结多孔砖和施工烧结空心砖的组砌方式和施工工艺。
3-5 砌块吊装的方案有哪两种？砌块施工前为什么要做砌块排列图？

# 4 钢筋混凝土施工

钢筋混凝土结构是土木工程中最基本的结构形式，广泛应用于工业与民用建筑、桥梁、道路、地下工程等。钢筋混凝土工程有预制装配式钢筋混凝土工程和现浇钢筋混凝土工程。前者工厂化生产，现场装配，施工速度快，但结构整体性差。后者现场施工，劳动强度大，但整体抗震性好。近些年来，随着模板施工新工艺的出现和施工设备的不断完善，现浇混凝土工程也获得了较好的技术经济效果。

## 4.1 钢 筋 工 程

钢筋工程包括冷拉、冷拔、调直、除锈、煨弯、下料、剪断等工序。

### 4.1.1 冷拉

冷拉是指在常温下对钢筋进行强力拉伸，拉应力超过钢筋的屈服强度，使钢筋产生塑性变形，以达到调直钢筋、提高强度、节约钢材的目的（图4-1）。

其原理如图4-1所示，钢筋在常温下拉伸，当应力超过屈服点 $b$ 达到 $c$ 点时卸荷。由于钢筋产生塑性变形，曲线沿平行于 $oa$ 的 $co_1$ 降至 $o_1$ 点。重新加荷后，以 $c$ 点为屈服点，曲线沿 $o_1 cde$ 变化，提高了屈服强度。新屈服点 $c$ 并非固定不变，而是随时间有所提高，曲线

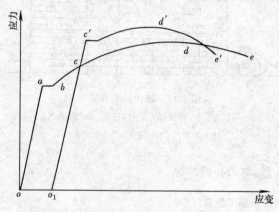

图 4-1 钢筋冷拉原理

一般沿 $o_1 c'd'e'$，屈服点 $c'$ 高于 $c$ 点。

#### 4.1.1.1 冷拉设备

冷拉设备组成如图4-2所示。冷拉设备的能力按下式计算：

$$Q = \frac{T}{K'} - F$$
$$K' = \frac{f^{n-1}(f-1)}{f^n - 1} \tag{4-1}$$

式中 $Q$——设备冷拉能力（kN）；

$T$——卷扬机牵引力（kN）；

$K'$——滑轮组省力系数，对于青铜轴套滑轮组，$K'$可按表4-1选取；

$F$——设备阻力，一般取 5~10kN；

$f$——单个滑轮的阻力系数，对于青铜轴套滑轮为1.04；

$n$——滑轮组的工作线数。

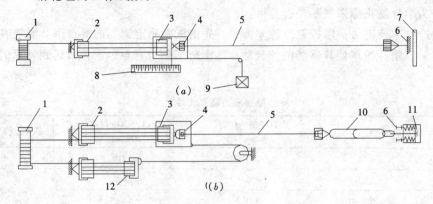

图 4-2 冷拉设备
（a）用荷重架回程；（b）用滑轮组回程
1—卷扬机；2—滑轮组；3—冷拉小车；4—钢筋夹具；5—钢筋；
6—地锚；7—防护壁；8—标尺；9—回程荷重架；10—连接杆；11—弹簧测力计；12—回程滑轮组

冷拉设备能力，应满足：

$$\sigma A \leq Q \qquad (4-2)$$

式中　$\sigma$——冷拉控制应力，查表 4-3 选取；
　　　$A$——钢筋截面面积。

#### 4.1.1.2　冷拉后质量要求

冷拉后，外观不能有裂纹和缩径，并且其力学性能指标符合表 4-2 的要求。

滑轮组省力系数 $K'$　　　　表 4-1

| 滑轮门数 | 3 | | 4 | | 5 | | 6 | | 7 | | 8 | |
|---|---|---|---|---|---|---|---|---|---|---|---|---|
| 工作线数 | 6 | 7 | 8 | 9 | 10 | 11 | 12 | 13 | 14 | 15 | 16 | 17 |
| 省力系数 | 0.184 | 0.160 | 0.142 | 0.129 | 0.119 | 0.110 | 0.103 | 0.096 | 0.091 | 0.087 | 0.082 | 0.080 |

冷拉钢筋的力学性能　　　　表 4-2

| 项次 | 钢筋级别 | 直径（mm） | 屈服强度 (N/mm²) | 抗拉强度 (N/mm²) | 伸长率 $\delta_{10}$ (%) | 冷弯 | |
|---|---|---|---|---|---|---|---|
| | | | 不小于 | | | 弯曲角度 | 弯曲直径 |
| 1 | 冷拉 HPB235 | 6~12 | 280 | 370 | 11 | 180° | $3d_0$ |
| 2 | 冷拉 HRB335 | 8~25 | 450 | 510 | 10 | 90° | $3d_0$ |
| | | 28~40 | 430 | 490 | 10 | 90° | $4d_0$ |
| 3 | 冷拉 HRB400 | 8~40 | 500 | 570 | 8 | 90° | $5d_0$ |
| 4 | 冷拉 RRB400 | 10~28 | 700 | 835 | 6 | 90° | $6d_0$ |

#### 4.1.1.3　冷拉控制方法

钢筋冷拉控制，是指钢筋冷拉到什么程度，视为合格而停止冷拉。冷拉控制方法包括应力控制法和冷拉率控制法。

（1）应力控制法：以控制冷拉应力为主。逐渐施加拉力直至达到表 4-3 的控制应力数值为止；检查冷拉率，若冷拉率小于表 4-3 中所示的最大冷拉率，则合格；反之，要通过实验检查力学性能指标来判断是否合格。

（2）冷拉率控制法：以控制冷拉率为主。先由试验确定钢筋的冷拉率（测定时冷拉应力见表 4-3）；由冷拉率计算钢筋的伸长量；逐渐施加拉力直至钢筋伸长达到计算的伸长量为止。

冷拉控制应力及最大冷拉率　　　　　　　表 4-3

| 钢筋级别 | | 用以控制冷拉时（N/mm²） | 用以测定冷拉率时（N/mm²） | 最大冷拉率（%） |
|---|---|---|---|---|
| HPB235 | $d \leqslant 12$ | 280 | 310 | 10 |
| HRB335 | $d \leqslant 25$ | 450 | 480 | 5.5 |
| | $d = 28 \sim 40$ | 430 | 460 | |
| HRB400 | $d = 8 \sim 40$ | 500 | 530 | 5 |
| RRB400 | $d = 10 \sim 28$ | 700 | 730 | 4 |

一般采用冷拉应力控制法；对同炉批钢筋可采用冷拉率控制法。

在冷拉过程中还要注意：冷拉速率应不大于 1m/min。

**4.1.2　冷拔**

冷拔是指将 $\phi 6 \sim 8$ 的 HPB235 级光面钢筋在常温下强力拉拔使其通过特制的钨合金拔丝模孔，钢筋轴向拉伸径向压缩，使钢筋产生较大塑性变形，其抗拉强度提高 50%～90%，塑性降低，硬度提高（图 4-3）。

钢筋的冷拔主要用来形成低碳钢丝。其主要设备有拔丝机和拔丝模孔。冷拔钢丝的外观和力学指标要符合质量要求。影响冷拔钢丝质量的主要因素有原材料的质量和冷拔总压缩率。

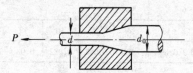

图 4-3　钢筋冷拔示意图
P—冷拔时施加的拉拔力

冷拔总压缩率按下式计算：

$$\beta = \frac{d_0^2 - d^2}{d_0^2} \times 100\% \quad (4-3)$$

式中　$d_0$——原料钢筋直径（mm）；
　　　$d$——成品钢丝直径（mm）。

$\beta$ 应控制在 60%～90% 的范围内，一般 $\phi^b 5$ 由 $\phi 8$ 拔制，$\phi^b 3$、$\phi^b 4$ 由 $\phi 6.5$ 拔制。拔丝模孔前后径比一般为 1:1.15，冷拔控制速率一般为 0.2～0.3m/s。

**4.1.3　钢筋加工**

钢筋加工工艺包括调直、除锈、弯曲、剪断等。钢筋的调直方法主要有锤直、调直机调直、冷拉调直等。除锈可采用钢丝刷除锈、喷砂除锈、酸洗除锈等方法，一般调直机调直的钢筋不必再除锈。钢筋弯曲可采用手动扳手弯曲、钢筋弯曲机弯曲等方法。钢筋剪断的方法有钢筋剪断机剪断、手动切断器剪断（<$\phi$12mm）及气割等。

钢筋剪断之前，应根据施工图计算钢筋下料长度，即钢筋的配料。

设计图纸注明的钢筋尺寸是外包尺寸（轮廓尺寸），而钢筋下料量取的是钢筋的轴线尺寸，两者的关系为：

轴线尺寸 = 外包尺寸 + 端部弯钩增长值 − 弯曲部分量度差

如图 4-4 所示，一般弯钩部分弯曲直径 $D = 2.25d$，平直段长度 $3d$，则半圆端部弯钩增长值为：

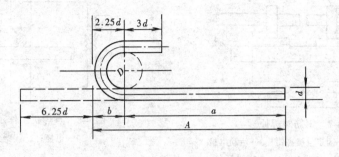

图 4-4 端部弯钩增加长值
$A$——外包尺寸

$$3d + 3.5\pi d/2 - 2.25d = 6.25d \tag{4-4}$$

弯曲部分量度差与弯曲角度有关，如图 4-5 所示，一般弯曲直径取 $D = 5d$，当弯曲角度为 90°时的量度差为：量度差 = 外包尺寸 − 轴线尺寸 = $(A + B) - (a + b + 弧长) \approx 2d$。其他弯曲角度量度差见表 4-4。

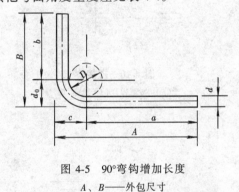

图 4-5 90°弯钩增加长度
$A$、$B$——外包尺寸

【例 4-1】 如图 4-6 所示，$\phi 20$ 钢筋，计算其下料长度。

【解】
$$L = 4600 + 2 \times 570 + 2 \times 420 + 2 \times 6.25 \\ \times 20 - 4 \times 0.5 \times 20 \\ = 6790 \text{mm}$$

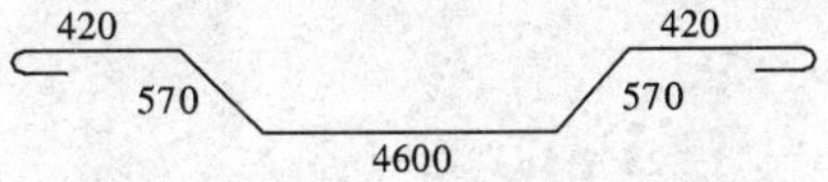

图 4-6 例 4-1 图

各角度弯曲部分量度差　　　　　　表 4-4

| 30° | 45° | 60° | 90° | 135° |
| --- | --- | --- | --- | --- |
| 0.35$d$ | 0.5$d$ | 0.85$d$ | 2$d$ | 2.5$d$ |

### 4.1.4 钢筋连接

钢筋的连接通常有三种形式：焊接、绑扎和机械连接。

#### 4.1.4.1 焊接

焊接就是通过加压（压力焊）或加热熔化（熔焊）使钢筋之间形成原子结合。常用的焊接方法有：对焊、点焊、电弧焊、电渣压力焊、气压焊。

对焊是熔焊的一种，焊接质量好、工效高，主要用于粗钢筋的接长，其工作原理如图 4-7。点焊是压力焊的一种（图 4-8），用于钢筋骨架或钢筋网的交叉钢筋的连接。

电弧焊是广泛应用的普通焊接形式（图 4-9），适合于钢筋接长、交叉钢筋连接、钢筋与钢板连接等。电弧焊钢筋接长包括帮条焊、搭接焊、坡口焊三种工艺形式，如图4-10、图4-11、图4-12。

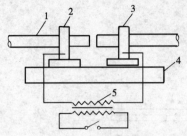

图 4-7　钢筋对焊原理
1—钢筋；2—固定电极夹钳；3—活动电极夹钳；4—工作台；5—变压器

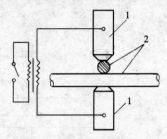

图 4-8　点焊机工作示意图
1—电极；2—钢丝

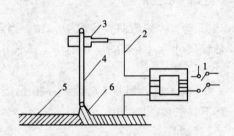

图 4-9　电弧焊示意图
1—变压器；2—导线；3—焊钳；
4—焊条；5—焊件；6—电弧

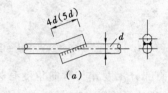

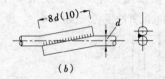

图 4-10　搭接焊
（a）双面焊；（b）单面焊

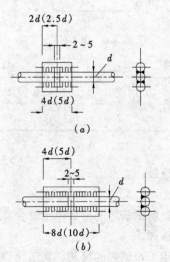

图 4-11　帮条焊
（a）双面焊；（b）单面焊

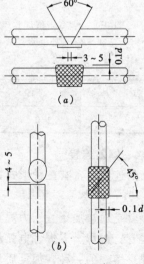

图 4-12　坡口焊
（a）平焊；（b）立焊

电渣压力焊也是压力焊的一种（图4-13），用于竖向钢筋接长时效率较高，可以代替电弧焊。气压焊是热压焊的一种（图4-14），主要用于竖向钢筋接长。

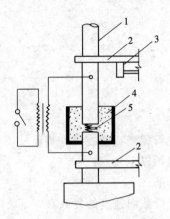
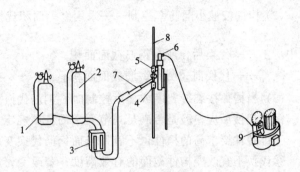

图4-13 电渣压力焊示意图
1—钢筋；2—夹钳；3—凸轮；4—焊剂；5—铁丝团球或导电焊剂

图4-14 气压焊接设备
1—乙炔；2—氧气；3—流量计；4—固定卡具；5—活动卡具；6—压接器；7—加热器与焊炬；8—钢筋；9—电动油泵

#### 4.1.4.2 绑扎连接

绑扎就是用铁丝将钢筋绑到一起。钢筋绑扎施工要注意绑牢，防止漏绑。钢筋的搭接长度应参照规范选择，一般纵向受拉筋至少不小于300mm；纵向受压筋不小于200mm。HPB235级受拉筋端部要做弯钩。

钢筋的接头位置距离弯折点应不小于10d，并避开最大弯矩处，且受力筋接头位置要错开。从接头中心到搭接长度的1.3倍范围内，有绑扎接头时，受力筋面积占受力筋总截面积的百分率对于受压区应不大于50%，对于受拉区应不大于25%。

#### 4.1.4.3 机械连接

通过机械咬合作用实现钢筋连接，有冷挤压连接和锥形螺纹套管连接两种形式（图4-15）。冷挤压连接又包括径向挤压套管连接（图4-16）、轴向挤压套管连接两种形式。

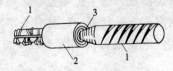

图4-15 锥形螺纹钢筋连接
1—钢筋；2—套筒；3—锥螺纹

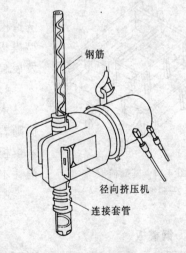

图4-16 径向挤压套管连接

### 4.1.5 钢筋代换

在施工时，如果确实缺乏设计图纸中要求的钢筋，可进行钢筋代换。代换方法有：
（1）构件按强度控制——采用"等强代换"。

$$A_2 f_{y2} \geqslant A_1 f_{y1} \tag{4-5}$$

式中 $A_2$——代换后，所有钢筋截面面积；
　　　$A_1$——代换前，所有钢筋截面面积；
　　　$f_{y2}$——代换钢筋抗拉强度设计值；
　　　$f_{y1}$——原钢筋抗拉强度设计值。

(2) 构件按最小配筋率控制——采用"等面积代换"。

$$A_2 \geq A_1 \tag{4-6}$$

式中 $A_2$——代换后，所有钢筋截面面积；
　　　$A_1$——代换前，所有钢筋截面面积。

(3) 当构件按裂缝宽度或挠度控制时，钢筋代换需进行裂缝宽度或挠度验算。

钢筋代换后应检验是否满足规范要求的各项规定，包括以下几点：

①抗裂性要求高的构件，不宜用光面钢筋代换变形钢筋；
②代换不宜改变构件截面的有效高度，若改变，需进行截面强度的复核；
③代换后的钢筋用量不大于原设计用量的5%，不低于2%；
④满足构造要求，如最小钢筋直径、间距、根数、锚固长度等；
⑤必须征得设计单位同意，方可进行钢筋代换。

## 4.2 模 板 工 程

模板是使新浇筑的混凝土成形用的模型。模板是辅助性的临时设施，具有施工量大，能重复周转的特点。模板应满足以下要求：(1) 能够保证结构形状、尺寸；(2) 具有足够的强度、刚度、稳定性；(3) 拆装方便、周转使用。

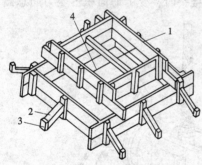

图 4-17　基础模板
1—拼板；2—斜撑；3—木桩；4—铁丝

常用的模板有木模板、钢模板、大模板、提模、隧道模、滑升模等，近些年又出现了台模、爬模等新型模板。目前，模板工具化可简化施工过程是模板的发展趋势。

### 4.2.1 木模板

木模板是最传统的模板形式，适用于各种条件。但随着各种新型模板的不断涌现，木模板已很少使用。木模板由木板条拼装而成，施工过程复杂，周转率低，消耗木材多，但当混凝土形状复杂时具有一定的优势。

主要混凝土构件木模板系统如图 4-17～图 4-19 所示。

### 4.2.2 钢模板

钢模板即定型组合钢模板，由钢板和型钢焊接而成，并具有固定形状、尺寸。钢模板属于工具式模板，采用现场组装，周转率高，板面平整，不吸水，不漏浆，但初期投资较大。

钢模板系统由模板板块、连接件、支撑件组成。

钢模板的模板板块主要有平面模板、阳角模板、阴角模板、连接角模四种类型（图 4-20）。其规格见表 4-5。

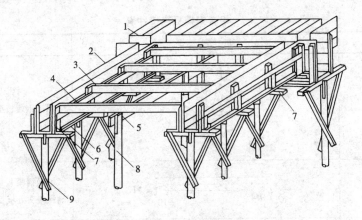

图 4-18 有梁楼板模板
1—楼板模板；2—梁侧模；3—搁栅；4—横档；5—牵杠；
6—夹条；7—短撑木；8—牵杠撑；9—琵琶撑

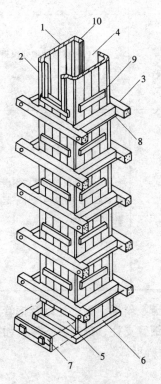

图 4-19 柱模板
1—内拼板；2—外拼板；3—柱箍；4—梁缺口；5—清理孔；6—木框；7—盖板；8—拉紧螺栓；9—拼条；10—三角木条

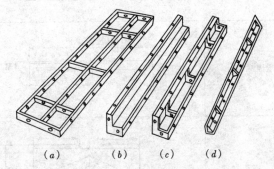

图 4-20 钢模板类型
（a）平面模板；（b）阳角模板；
（c）阴角模板；（d）连接角模

**钢模板板块规格**（mm） 表 4-5

| 规 格 | 平面模板 | 阳角模板 | 阴角模板 | 连接角模 |
|---|---|---|---|---|
| 宽 度 | 300，250<br>200，150<br>100 | 150×150<br>50×50 | 100×100<br>50×50 | 50×50 |
| 长 度 | 1500，1200，900，750，600，450 | | | |
| 肋 高 | 55 | | | |

钢模板的板块常用模板类型代号和模板尺寸表示，例如，P3015，P 表示钢模板类型为平模；30 表示模板宽度为 300mm；15 表示模板长度为 1500mm。组合钢模的连接件主要有 U 形卡、L 形插销、钩头螺栓、紧固螺栓和扣件等，见表 4-6。

组合钢模板连接件表 　　　　　　　　　表 4-6

| 名　称 | 简　图 | 用　途 |
|---|---|---|
| U形卡 | 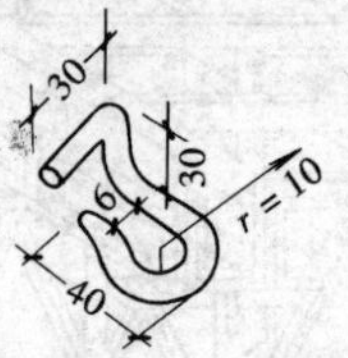 | 用于钢模板纵横向自由连接 |
| L形插销 |  | 增强钢模板的纵向拼接刚度，确保接头处板面平整 |
| 钩头螺栓 | 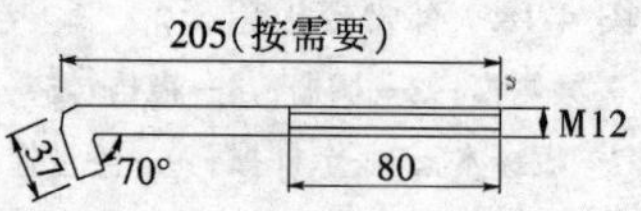 | 钢模板与内、外钢楞之间的连接固定 |
| 紧固螺栓 | 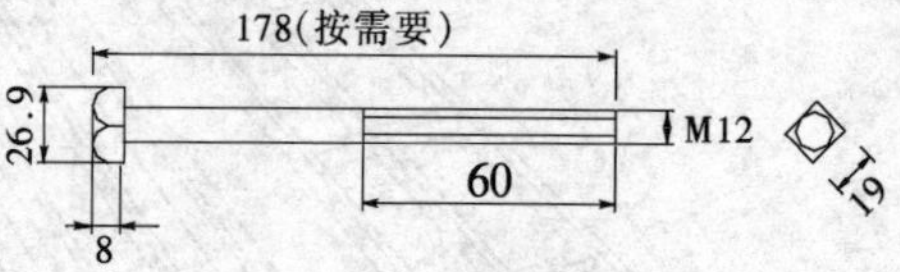 | 紧固内外钢楞，增强模板拼装后的整体刚度 |
| 扣件　蝶形扣件 | 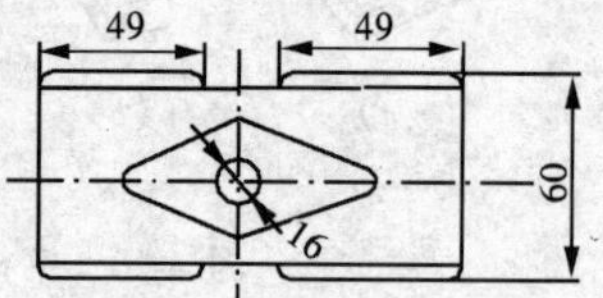 | 用于钢模板与钢楞或钢楞之间的紧固，并与其他配件一起将钢模拼装成整体 |
| 扣件　3形扣件 | | |

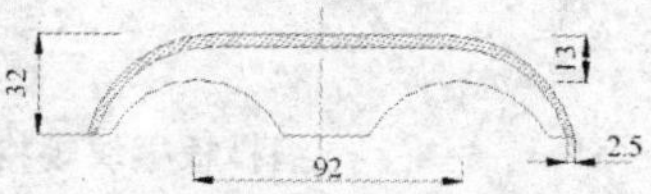

组合钢模板的支承件包括钢楞、柱箍、梁卡具、圈梁卡、斜撑、钢支柱以及钢管脚手架等，主要起支承模板和定位作用。竖向支撑系统主要有钢管支柱、钢管井架等，如图 4-21～图 4-23 所示。水平支撑主要是工具式桁架，如图 4-24 所示。

### 4.2.3 大模板

大模板主要应用于钢筋混凝土墙体施工，应用已很多，并已形成工业化建筑体系。

大模板由面板、加劲肋、支撑桁架、调整螺旋等组成，如图 4-25 所示。其平面组合有平模方案、小角模方案和大角模方案三种。平模方案是指一整面墙用一块模板，不设角模。纵横墙体分开浇筑，先横后纵。小角模方案是在转角处设置角钢或方木作小角模，其余用平模连接。常用于内外墙皆现浇或内纵墙与横墙同时浇筑的情况。大角模方案是一个房间的内模采用四个大角模形成封闭体系，整体性较好，但墙面平整度较差，一般用于内外墙均为现浇的结构。

大模板的组装顺序为先内墙，后外墙。

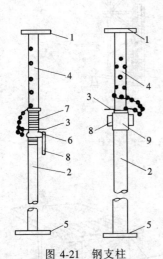
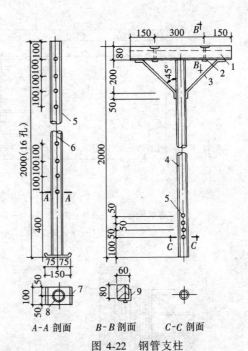

图 4-21 钢支柱
1—顶板；2—套管；3—插销；
4—插管；5—底板；6—转盘；
7—螺管；8—手柄；9—螺旋管

图 4-22 钢管支柱
1—垫木；2—$\phi 12$ 螺栓；3—$\phi 16$ 钢筋；4—40 内径水管；5—$\phi 14$ 孔；6—50 内径水管；7—钢板；8—$\phi 14$ 出水孔；9—L60×6

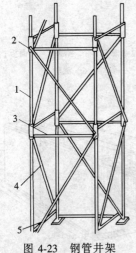
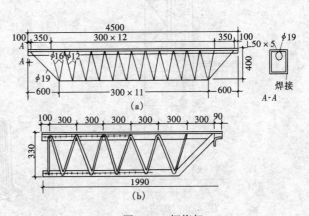

图 4-23 钢管井架
1—立管；2—套管；3—模管；
4—斜管；5—底管

图 4-24 钢桁架
(a) 整榀式；(b) 平面组合式

### 4.2.4 提模、台模和隧道模

提模又称爬模，主要应用于现浇剪力墙和筒体体系施工，我国已推广。提模由悬吊大模板、爬架和穿心式液压千斤顶三部分组成（如图 4-26）。台模又称飞模（如图 4-27），主要用于整体浇筑平板或楼板。台模由台架和面板组成，台架可以上下移动。目前，利用组合钢模和钢管支架拼成的台模在施工现场使用较多。

图 4-28 为隧道模，可用于同时整体浇筑墙体和楼板。

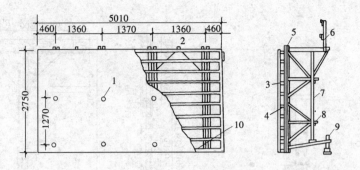

图 4-25 大模板构造
1—穿墙螺栓孔；2—吊环；3—面板；4—横肋；5—竖肋；6—护身栏杆；
7—支撑立杆；8—支撑横杆；9—φ32丝杠；10—丝杠

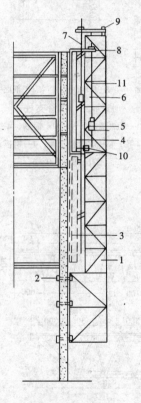

图 4-26 爬模
1—爬架；2—螺栓；3—预留爬架孔；4—爬模；5—爬架千斤顶；6—爬模千斤顶；7—爬杆；8—模板挑横梁；9—爬架挑横梁；10—脱模千斤顶；11—爬杆

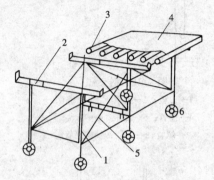

图 4-27 台模
1—支腿；2—横梁；3—檩条；4—面板；
5—斜撑；6—滚轮

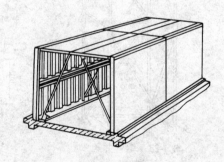

图 4-28 隧道模

### 4.2.5 滑模

滑模主要应用于高耸的构筑物和高层建筑物，它不是简单的辅助工程，和钢筋工程以及混凝土工程关系相当密切，以至于难以分开独立。滑模施工时，随着混凝土的浇筑，模板在液压动力系统的作用下，连续向上滑升；随着模板的滑升，依次在模板内浇筑混凝土和绑扎钢筋，从而逐步完成结构混凝土的浇筑工作，直至达到设计标高为止。滑模能够避免模板的重复拆装造成的施工间断,提高了施工效率。

#### 4.2.5.1 系统构成

滑模系统,如图4-29所示,由模板系统、操作平台和液压滑升系统组成。

(1) 模板系统

模板构成如图4-30所示,一般高度1.0~1.2m,宽度200~600mm。模板可悬挂或搁置在围圈上,并形成上口小下口大的倾斜度(图4-31),倾斜度为0.3%~0.4%。围圈起到固定模板位置、承受模板传来的水平力和垂直力的作用。一般用∠65×5或∠75×6的角钢,或用8号10号槽钢制成。上围圈一般距模板上口为200mm,下围圈距模板下口为300mm,保证模板"上刚下柔",以便混凝土脱模。

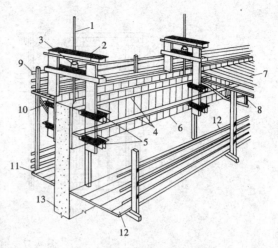

图4-29 滑模组成
1—支撑杆;2—提升架;3—液压千斤顶;4—围圈;5—围圈支托;6—模板;7—内操作平台;8—平台桁架;9—栏杆;10—外挑三脚架;11—外吊脚手;12—内吊脚手;13—混凝土墙体

提升架的作用是固定围圈的位置,防止模板侧向变形,把模板系统和操作平台连成整体,承受模板和操作平台荷载,并将荷载通过千斤顶传给支承杆。提升架有单横梁式与双横梁式两种(图4-32),可用槽钢或角钢制作。

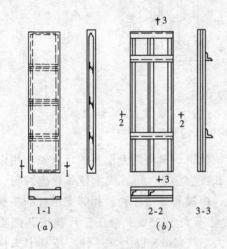

图4-30 模板示意图
(a) 冷弯成型钢模板;(b) 角钢肋条钢模板

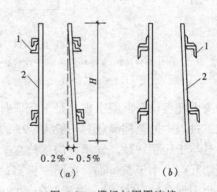

图4-31 模板与围圈连接
(a) 模板挂在围圈上;(b) 模板放在围圈上
1—围圈;2—模板

(2) 操作平台系统

操作平台供运输和堆放材料、机具、设备及施工人员操作之用。一般用钢桁架或梁及铺板组成(图4-33)。外吊脚手挂在提升架和外挑三角架上;内吊脚手挂在提升架和操作平台上,供修饰混凝土表面、检查质量、调整拆除模板、支设梁底模之用。

(3) 液压滑升系统

液压滑升系统由支承杆、液压千斤顶和液压控制装置三部分组成。

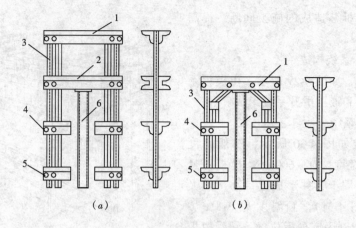

图 4-32 钢提升架
（a）双横梁式；（b）单横梁式
1—上横梁；2—下横梁；3—立柱；4—上围圈支托；5—下围圈支托；6—套管

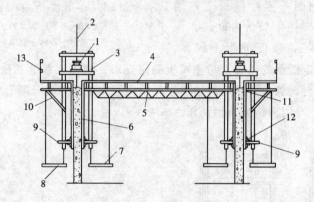

图 4-33 操作平台结构示意
1—千斤顶；2—支撑杆；3—提升架；4—平台铺板；5—桁架；6—模板；7、8—吊脚手架；
9—支托；10—三角挑架；11—上围圈；12—下围圈；13—栏杆

支承杆埋设在混凝土内，是千斤顶向上爬行的轨道，又是滑升模板的承重轴，用以承受施工过程中的全部荷载。一般为 $\phi25$ 的圆钢，长度宜为 3~5m。支承杆布置应均匀、对称，且与千斤顶一致。支承杆的接长有丝扣连接、榫接和焊接三种。相邻支承杆的接头要相互错开，不小于 500mm，在同一标高的接头数量不大于 25%。液压千斤顶按其起重能力分为小型（30~50kN）、中型（60~120kN）和大型（120kN 以上）三种。按其卡头构造不同有钢珠式（图 4-34）和楔块式（图 4-35）两种，并且均为穿心式单作用千斤顶。

常用的 HQ-30 液压千斤顶为钢珠式，其工作原理如图 4-36 所示，它具有体积小、结构紧凑、动作灵活等优点。液压千斤顶的工作是通过液压传动装置来进行控制，通常将电动机、油泵、油箱、压力表和控制调节装置集中安装在一起，组成液压控制台。

#### 4.2.5.2 液压滑模的施工

(1) 液压滑模的组装

液压滑模的组装顺序为：安装提升架→安装围圈→安装模板（与扎筋配合）→组装内操作平台→安装外操作平台→安装液压提升系统、控制台及垂直运输设备→联动试运转→

插入支承杆→初升检查与调整→正常提升约3m后安装内外吊脚手及安全网。

(2) 混凝土配合比的选择

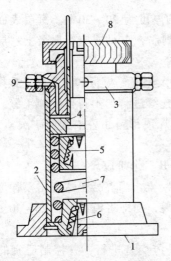

图 4-34 HQ-30 型液压千斤顶
1—底座；2—缸筒；3—缸盖；4—活塞；5—上卡头；6—下卡头；7—排油弹簧；8—行程调整帽；9—油嘴

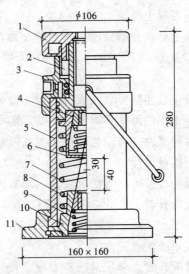

图 4-35 楔块式卡头液压千斤顶
1—行程调整帽；2—活塞；3—缸盖；4—上卡头卡块；5—缸筒；6—上卡块座；7—排油弹簧；8—下卡头卡块；9—弹簧；10—下卡块座；11—底座

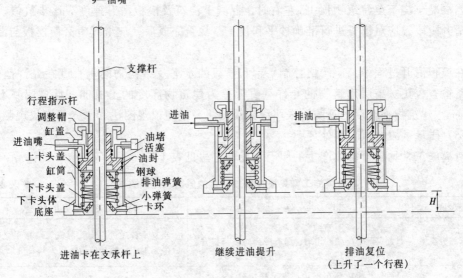

图 4-36 液压千斤顶工作原理

滑模施工所用混凝土的配合比，必须满足设计强度要求和滑模施工的工艺要求。混凝土配合比应根据工程特点、预计滑升速度、现场气温变化情况分别试配。

为保证混凝土出模后，易于表面抹光，并能支承上部混凝土自重而不塌落或变形，混凝土的出模强度宜控制在 0.2~0.4MPa，或贯入阻力值为 0.30~1.50 kN/cm。混凝土初凝时间应控制在 2h 左右，终凝时间控制在 4~6h。同时，混凝土应有良好的和易性，宜用细粒多、粗粒少的骨料。石子最大粒径不宜大于构件截面最小尺寸的 1/8。当浇筑墙、板、梁、柱时，混凝土坍落度为 4~6cm；如果是筒壁结构或细柱则为 5~8cm；对于配筋特密的结构为 8~10cm。当采用人工振捣时，坍落度可适当增加。

(3) 混凝土浇筑

混凝土必须分层分段均匀对称交圈浇筑，分层的厚度为 20~30cm。每层表面高度需保持在模板上口以下 100~150mm。为便于继续绑扎钢筋，在每层应留出最上一层水平钢筋。

混凝土宜用振捣器或人工捣实。振捣时，不得触及钢筋、模板和支承杆；振捣棒插入下层混凝土中的深度不得超过 5cm。混凝土浇筑要求连续进行，不得留设施工缝。如果不得不暂时停工时，为避免混凝土与模板粘结，应使千斤顶每隔 1h 左右提升一次。

(4) 模板滑升

模板的滑升可分为初次滑升、正常滑升和最后滑升三个阶段。

初次滑升时，应分 2~3 层浇筑 60~70cm 高的混凝土，当混凝土达到出模强度时，将模板试升 5cm，判断滑升时间是否适宜。如果能够脱模，随即将模板滑升 20~30cm，检查整个模板系统能否正常工作。

正常滑升时，绑扎钢筋、混凝土浇筑和模板滑升应交替进行，并控制适宜的滑升速度，使出模后的混凝土表面湿润，手按有指痕，砂浆不粘手，能用抹子抹平。滑升速度一般控制在 20~25cm/h。每次滑升的间隔时间，最好不要超过 1h。在滑升过程中，应注意千斤顶的同步情况，及时调整升差。

当混凝土浇筑至建筑物顶 1m 左右时，混凝土浇筑及模板滑升速度应逐步放慢。进入最后滑升阶段，应对模板进行准确抄平和校正。浇筑完成后，应继续滑升使模板与混凝土脱离。

在模板滑升过程中，应严格控制平台和模板的水平及结构物的垂直度在允许范围内，并随时检查校正。高层建筑物的允许垂直偏差为建筑物高度的 1/1000，且总偏差不得大于 50mm。建筑物垂直度的观测可采用线锤观测法、经纬仪观测法和激光铅直仪观测法等。

(5) 质量事故的预防和处理

滑模施工常见质量事故产生的原因及处理方法见表 4-7。

**滑模施工常见质量事故产生的原因及处理方法** 表 4-7

| 事故名称 | 产 生 原 因 | 处理或预防方法 |
| --- | --- | --- |
| 支承杆失稳 | 支承杆本身不直或安装不直；操作平台荷载太大或承受荷载不均匀；遇有障碍时强行提升；相邻两千斤顶升差太大；脱空长度过长等 | 当支承杆通过门窗孔洞或无墙楼层之间时，应事先加固，或采取措施减少其自由长度 |
| 建筑物发生倾斜 | 平台上荷载分布不均；支承杆负载不一；产生升差后未及时调整；混凝土浇筑不均匀对称；操作平台刚度差；支承杆布置不均匀，本身不直或安装、接头不直 | 调整操作平台的高差，其方向与建筑物倾斜方向相反，继续滑升浇筑混凝土，直至建筑物的垂直度归于正常，再将操作平台恢复水平 |
| 建筑物发生扭转 | 千斤顶升差不等；模板收分不均；操作平台上起重机的影响；浇筑混凝土时沿一个方向进行等 | 在与操作平台扭转的相反方向施加一反扭转的环向力 |
| 混凝土出现水平裂缝或断裂 | 滑升速度慢；模板内混凝土自重小于混凝土与模板的摩阻力；模板安装未预留倾斜度或产生反倾斜度；滑升过程中模板产生严重的倾斜等 | 加快滑升速度；调整混凝土的配合比；保证模板有足够的倾斜度，并及时纠正模板的倾斜状况；保证混凝土自重大于混凝土与模板的摩阻力 |

续表

| 事故名称 | 产 生 原 因 | 处理或预防方法 |
|---|---|---|
| 混凝土局部坍塌 | 混凝土出模强度不够；滑升速度过快 | 暂停滑升或降低滑升速度；在混凝土中加入早强剂等 |
| 混凝土表面"穿裙" | 模板一次滑升过高；每层浇筑的混凝土太厚；模板倾斜度太大；振捣混凝土的侧压力太大；模板刚度不够等 | 控制每次提升高度；调整模板倾斜度；加强模板的刚度等 |

对于支承杆失稳，除采取表4-7中的预防措施外，当支承杆在混凝土上部发生弯曲时，可按图4-37所示的措施处理。支承杆在混凝土内部产生弯曲，按图4-38处理后，再支模补浇混凝土。

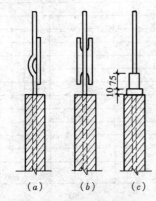

图 4-37 支承杆在混凝土上部弯曲时加固方法
(a) 弯曲不大时；(b) 弯曲较大时；
(c) 弯曲严重时

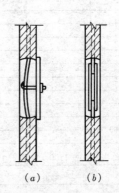

图 4-38 支承杆在混凝土内部弯曲时加固方法
(a) 弯曲不大时；(b) 弯曲严重时

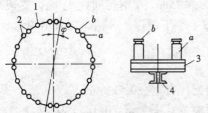

图 4-39 双千斤顶纠正扭转
1—单千斤顶；2—双千斤顶；
3—挑梁；4—提升架横梁

当圆筒形结构采用滑模施工发生扭转时，可沿圆周等距离地布置4～8对双千斤顶，如图4-39所示，当操作平台和模板发生顺时针方向扭转时，先将顺时针扭转方向一侧的千斤顶升高一些，然后使全部千斤顶滑升一次，如此重复即可予以纠正。

### 4.2.6 钢模板系统设计

模板配板原则主要考虑以下几点：优先使用大模板；所用模板规格、数量少；合理排列，便于支撑；无特殊要求，尽量不使用阴角模或阳角模。模板设计中的荷载计算及模板结构计算请参考施工手册及有关设计规范，这里通过实例作介绍，使大家了解其设计程序。

【例 4-2】 某框架结构现浇混凝土板，采用组合钢模及钢管支架支模。板厚100mm，其支模尺寸为 4.8m×3.3m，楼层高度为 4.5m，要求做配板设计及模板结构布置与验算。

【解】 （1）主要配板方案

若模板以其长边沿 4.95m 方向排列，可列出几种方案：

方案①：34P3015 + 2P3009，两种规格，共 36 块；图 4-40；

方案②：22P3015 + 33P3006，两种规格，共 55 块，见图 4-41；

方案③：22P3015 + 22P3009，两种规格，错缝排列，共 44 块。

若模板以其长边沿 3.3m 方向排列，可列出几种方案：

方案④，34P3015 + 2P3009，两种规格，共 36 块；

方案⑤：16P3015 + 32P3009，两种规格，错缝排列，共 48 块。

方案③、⑤模板错缝排列，刚性好，宜用于预拼吊装方案。方案①模板规格及块数少，比较合适。方案②模板块数较多。综合比较取方案①。

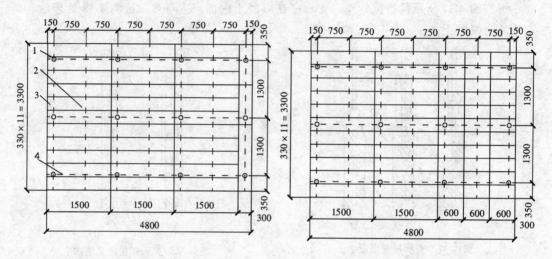

图 4-40 配板方案①　　　　　　　　图 4-41 配板方案②

1—钢管支柱；2—内钢楞；3—钢模板；4—外钢楞

(2) 内外钢楞验算

内外钢楞用矩形钢管 60×44×2.5，内钢楞间距为 0.75m，外钢楞间距 1.3m，支架采用 $\phi 48 \times 3.5$ 钢管搭接接长，各支柱间布置双向水平撑上、下两道，并适当布置剪刀撑。

(3) 结构计算

① 荷载计算

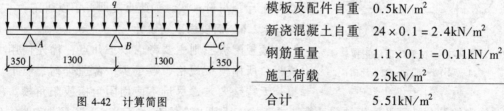

图 4-42 计算简图

| 模板及配件自重 | $0.5 \text{kN/m}^2$ |
| 新浇混凝土自重 | $24 \times 0.1 = 2.4 \text{kN/m}^2$ |
| 钢筋重量 | $1.1 \times 0.1 = 0.11 \text{kN/m}^2$ |
| 施工荷载 | $2.5 \text{kN/m}^2$ |
| 合计 | $5.51 \text{kN/m}^2$ |

② 内钢楞验算

矩形钢管截面抵抗弯矩 $W = 1.458 \times 10^{-5} \text{m}^3$，惯性矩 $I = 4.378 \times 10^{-7} \text{m}^4$，弹性模量 $E = 2 \times 10^8 \text{kN/m}^2$，强度设计值 $f = 2.1 \times 10^5 \text{kN/mm}^2$；内钢楞计算简图如图 4-42 所示，悬臂 $a = 0.35\text{m}$，内跨长 $l = 1.3\text{m}$；令 $\beta = a/l = 0.269$；作用荷载 $q = 5.51 \times 0.75 = 4.1325 \text{kN/m}$。

求 $A$、$B$ 点弯矩：

$$M_A = \frac{qa^2}{2} = \frac{4.1325 \times 0.35^2}{2} = 0.2531 \text{kN} \cdot \text{m}$$

$$M_B = \frac{1}{8} q l^2 [1 - 2\beta^2]$$

$$= \frac{1}{8} \times 4.1325 \times 1.3^2 \times [1 - 2 \times 0.269^2] = 0.7466 \text{kN} \cdot \text{m}$$

最大抗弯强度：

$$Q = \frac{M_B}{W} = \frac{0.7466}{1.458 \times 10^{-5}} = 5.121 \times 10^4 \text{kN/m}^2 < 2.1 \times 10^5 \text{kN/m}^2，满足要求。$$

令 $q' = (5.51 - 2.4) \times 0.75 = 2.2575 \text{kN/m}$，则悬臂端挠度为：

$$\delta = \frac{q'al^3}{48EI}[1 - 6\beta^2 - 6\beta^3]$$

$$= \frac{2.2575 \times 0.35 \times 1.3^3}{48 \times 2 \times 10^8 \times 4.378 \times 10^{-7}}[1 - 6 \times 0.269^2 - 6 \times 0.269^3] = 0.186 \text{mm}$$

跨内最大挠度为：

$$\delta' = \frac{0.1 q' l^4}{24 EI} = \frac{0.1 \times 2.2575 \times 1.3^4}{24 \times 2 \times 10^8 \times 4.378 \times 10^{-7}} = 0.311 \text{mm}$$

$\dfrac{\delta'}{l} = \dfrac{0.311}{1300} = \dfrac{1}{4180} < \dfrac{1}{400}$，满足要求。

③支柱验算

模板及支架自重取 $1.1 \text{kN/m}^2$，故水平投影面上每平方米的荷载为：

$1.1 + 2.4 + 0.11 + 2.5 = 6.11 \text{kN/m}^2$。

每一中间支柱所受荷载为：

$6.11 \times 1.3 \times 1.5 = 11.91 \text{kN}$。

钢管支架立柱容许荷载　　表 4-8

| 横杆步距 L (m) | $\phi 48 \times 3.0$ 钢管 | | $\phi 48 \times 3.5$ 钢管 | |
| --- | --- | --- | --- | --- |
| | 对接 | 搭接 | 对接 | 搭接 |
| | N (kN) | N (kN) | N (kN) | N (kN) |
| 1.0 | 34.4 | 12.8 | 39.1 | 14.5 |
| 1.25 | 31.7 | 12.3 | 36.2 | 14.0 |
| 1.50 | 28.6 | 11.8 | 32.4 | 13.3 |
| 1.80 | 24.5 | 10.9 | 27.6 | 12.3 |

根据表 4-8，当采用 $\phi 48 \times 3.5$ 钢管，用扣件搭接接长，横杆步距为 1.5m 时，每根钢管的容许荷载为 13.3kN，大于支架支柱所受的荷载 11.91kN，故模板及支架安全。

## 4.3 混凝土工程

混凝土工程包括混凝土的制备、运输、浇筑和振捣、养护，混凝土强度检查，混凝土拆模及修补等过程。

### 4.3.1 混凝土制备

混凝土制备中最重要的是计算混凝土的配合比，其步骤如下：

(1) 计算出要求的试配强度 $f_{cu,0}$，并计算出所要求的水灰比值 $W/C$；
(2) 由表选取每立方米混凝土的用水量，并由此算出每立方米混凝土的水泥用量；
(3) 由表选取合理的砂率值，计算出粗、细骨料的用量，提出实验室配合比；
(4) 根据坍落度等指标，试拌与调整配合比；
(5) 根据现场砂、石含水率，计算出施工配合比。

#### 4.3.1.1 混凝土制备强度

为满足配制的混凝土具有95%的强度保证率，实验室配制强度应按下式计算：

$$f_{cu,0} = f_{cu,k} + 1.645\sigma \qquad (4-7)$$

式中 $f_{cu,0}$——混凝土配制强度；
$f_{cu,k}$——混凝土立方体强度标准值；
$\sigma$——施工单位的混凝土强度标准差，一般为 $2.5 \sim 6 \text{N/mm}^2$。

#### 4.3.1.2 施工配合比

设实验室配合比为水泥:砂:石 $= 1:x:y$，水灰比为 $W/C$，现场砂、石含水量为 $W_x$、$W_y$，则施工配合比为：

$$水泥:砂:石 = 1:x(1+W_x):y(1+W_y) \qquad (4-8)$$

#### 4.3.1.3 备料

混凝土的原材料有水泥、砂、石、水和外加剂。水泥的选用应注意品种、成分和强度等级，注意是否变质、受潮以及结块等。砂的选用应注意细度（中、粗砂）和有害杂质含量。石子应注意级配、最大粒径、是否含有有害杂质。混凝土配置所用水不能用海水、污水、废水。外加剂掺量要经过试验，相应调整水灰比等使其准确。

#### 4.3.1.4 混凝土搅拌

(1) 混凝土搅拌设备

混凝土搅拌机按其工作原理有自落式搅拌机和强制式搅拌机两种。自落式搅拌机如图4-43所示，主要适用于流动或低流动性混凝土的拌制。

强制式搅拌机如图4-44所示，适用于干硬、轻骨料混凝土的拌制。由于维护费用较高，一般主要用于混凝土预制构件厂。

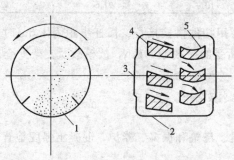

图 4-43 自落式搅拌机工作示意图
1—混凝土；2—搅拌筒；3—进料口；
4—斜向拌叶；5—弧形拌叶

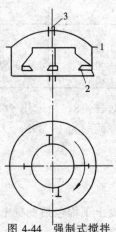

图 4-44 强制式搅拌机工作示意图
1—搅拌筒；2—拌叶；
3—转轴

(2) 混凝土搅拌工艺

自落式混凝土搅拌机搅拌工艺包括投料量、投料顺序、搅拌时间。投料量应根据搅拌机出料量和施工配合比计算。超载应小于10%，过大则没有充分的搅拌空间。投料顺序一般依次为砂、水泥、石子，最后加入水进行搅拌。搅拌时间根据坍落度、搅拌机的容量、是否加外加剂而定，一般约2min左右。

### 4.3.2 混凝土运输

混凝土的运输必须保证浇筑工作的连续进行，并应在混凝土初凝前浇筑完毕。混凝土在运输中应保持混凝土的均匀性，避免产生分层离析，防止水泥浆流失。为此混凝土的运输路线应短直，道路平坦，并应选择合适的运输机具。

混凝土的运输分垂直运输和水平运输两种情况。

#### 4.3.2.1 垂直运输设备

常用的垂直运输设备有塔式起重机、井架和卷扬机、混凝土泵等等。塔式起重机作为常用的混凝土垂直运输机具，一般配有料斗（如图4-45），利用料斗运输能够使混凝土不受振动。当运输高度较大时，塔式起重机运输量往往不够，可采用混凝土泵。而对于中小工程，可采用井架运输机。

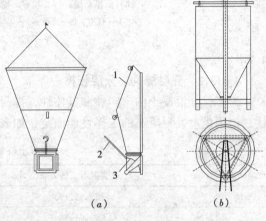

图 4-45 混凝土料斗
(a) 卧式；(b) 立式
1—混凝土入口；2—手柄；3—扇形门

#### 4.3.2.2 水平运输

场地内短距离运输可采用手推车或翻斗车（如图4-46）。对于长距离运输一般采用混凝土搅拌运输车（如图4-47），混凝土搅拌运输车是今后的发展方向。

图 4-46 机动翻斗车

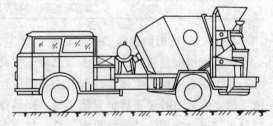

图 4-47 混凝土搅拌运输车

### 4.3.3 混凝土浇筑

混凝土浇筑质量总的要求是：保证混凝土的整体性、密实性、均匀性。为了保证质量，浇筑前应做好准备工作，包括材料、模板和钢筋的检查；并做好技术交底。

#### 4.3.3.1 防止离析

混凝土浇筑时自由下落高度应不大于2m，否则应用溜槽或串筒，以保证垂直下落和落差。当落差超过3m时，应采用串筒（图4-48c）；超过8m时，采用振动串筒（图

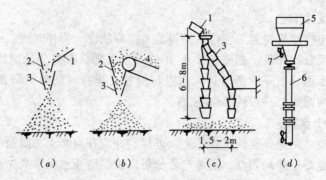

图 4-48 防止混凝土离析
(a) 溜槽运输；(b) 皮带运输；(c) 串筒；(d) 振动串筒
1—溜槽；2—挡板；3—串筒；4—皮带机；5—漏斗；
6—节管；7—振动器

4-48d)。

#### 4.3.3.2 分层浇筑、分层振捣

为了保证混凝土的密实性和整体性，混凝土应分层浇筑振捣。分层厚度要根据振捣方法、结构类型及混凝土的工作性能而定，如表 4-9。

混凝土浇筑层厚度　　　　　表 4-9

| 项 次 | 捣实混凝土的方法 | | 浇筑层的厚度（mm） |
| --- | --- | --- | --- |
| 1 | 插入式振捣 | | 振捣器作用部分长度的 1.25 倍 |
| 2 | 表面振动 | | 200 |
| 3 | 人工捣固 | 在基础、无筋混凝土或配筋稀疏的结构中 | 250 |
| | | 在梁、墙板、柱结构中 | 200 |
| | | 在配筋密列的结构中 | 150 |
| 4 | 轻骨料混凝土 | 插入式振捣 | 300 |
| | | 表面振动（振动时需加荷） | 200 |

#### 4.3.3.3 正确留置施工缝

所谓施工缝是指新浇混凝土与已硬化混凝土之间的结合面，是结构的薄弱环节。

为了保证结构的整体性，混凝土一般应连续浇筑，不留施工缝。如果因技术或组织原因不能连续浇筑时要正确留置施工缝，即留在剪力小、便于施工的部位。施工缝位置应在混凝土浇筑前确定，柱应留设水平缝，梁、板、墙应留垂直缝，如图 4-49 和图 4-50 所示。

### 4.3.4 混凝土振捣

混凝土在浇入模板时，不能自动充满，内部疏松，必须加以振捣，以使混凝土密实成型。混凝土振捣成型分人工振捣和机械振捣两种。混凝土振动机械按其工作方式不同，有内部振捣器、表面振捣器、外部振捣器和振动台，如图 4-51 所示。

内部振捣器多用于梁、柱、基础、墙及大体积混凝土浇筑；当钢筋较密、尺寸较小的柱、墙等混凝土浇筑时宜采用外部振捣器。表面振捣器常用于板、楼板、地面混凝土振捣，而振动台一般只有在预制厂振捣预制构件时采用。

混凝土在振捣时不能漏振。采用内部振捣器时，应垂直插入混凝土，快插慢拔，插入

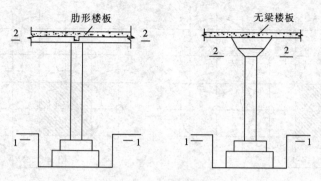

图 4-49 柱施工缝留设位置
1、2—表示施工缝位置

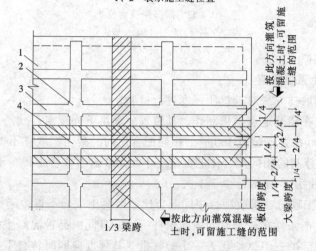

图 4-50 肋形楼盖施工缝位置
1—楼板；2—柱；3—次梁；4—主梁

深度应进入前一层已浇筑的混凝土内 5~10cm。插点布置应采用行列或交错排列，如图 4-52 所示，图中 $R$ 为振捣器的有效作用半径。

### 4.3.5 混凝土养护

混凝土在浇筑成型后，为了给混凝土硬化创造必要的温度和湿度，保证水化作用的正常进行，应进行混凝土养护。混凝土的养护方法主要有自然养护和湿热养护两种。

所谓自然养护是指在自然气温下，在混凝土浇筑后采用适当的材料覆盖，并经常浇水湿润，使混凝土在规定的期间内达到预期强度。自然养护浇水至少 7d 以上，以确保混凝土保持湿润。自然养护成本低、效果好，但养护时间长，一般主要用于现场浇筑的混凝土养护。

湿热养护实质是蒸汽养护。蒸汽养护在充满饱和蒸汽或蒸汽空气混合物的养护室内进行，预制构

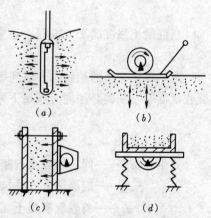

图 4-51 振捣器的原理
(a) 内部振捣器；(b) 表面振捣器；
(c) 外部振捣器；(d) 振动台

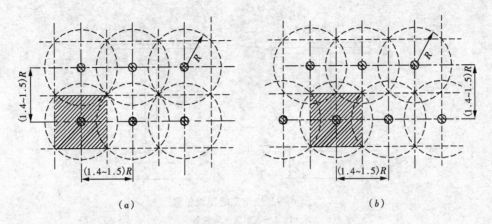

图 4-52 振捣棒插点位置
（a）行列式；（b）交错式

件厂常采用蒸汽养护。

#### 4.3.6 混凝土强度检查

混凝土应采用取样方法对其抗压强度进行检验。

取样的试块应在浇筑地点随机制作，其留置应满足下列规定：

（1）每拌制 100 盘且不超过 100m³ 的相同配合比的混凝土，取样不得少于 1 次；

（2）每工作班拌制的相同配合比的混凝土不足 100 盘时取样不得少于 1 次；

（3）现浇楼层每层取样不得少于 1 次；

（4）同一单位工程每一验收项目中同配合比的混凝土取样不得少于一次。

当混凝土的生产条件在较长时间内能保持一致，且同一品种混凝土的强度变异性能保持稳定时，应由连续的三组试块代表一个验收批，其强度应同时符合下列要求：

$$\mu f_{cu} \geqslant f_{cu,k} + 0.7\sigma_0$$
$$f_{cu,min} \geqslant f_{cu,k} - 0.7\sigma_0 \tag{4-9}$$

当混凝土强度不高于 C20 时，还应满足：

$$f_{cu,min} \geqslant 0.85 f_{cu,k} \tag{4-10}$$

当混凝土强度高于 C20 时，还应满足：

$$f_{cu,min} \geqslant 0.90 f_{cu,k} \tag{4-11}$$

对于零星生产的预制构件或现场搅拌批量不大的混凝土，可采用非统计方法。此时，验收批混凝土强度必须同时满足下列要求：

$$\mu f_{cu} \geqslant 1.15 f_{cu,k}$$
$$f_{cu,min} \geqslant 0.95 f_{cu,k} \tag{4-12}$$

式中　$\mu f_{cu}$——同一验收批混凝土立方体抗压强度平均值；

　　　$f_{cu,k}$——混凝土立方体抗压强度标准值；

　　　$\sigma_0$——验收批混凝土立方体抗压强度标准差；

　　　$f_{cu,min}$——同一验收批混凝土立方体抗压强度最小值。

#### 4.3.7 混凝土拆模及修补

对于侧模，在混凝土的强度能够保证表面棱角不因拆模而受损时，即可拆模。而对于承重的底模，其拆模强度因结构类型、跨度不同而不同，如表4-10所示。

现浇整体式结构拆模时所需混凝土强度　　　　　　表4-10

| 结构类型 | 结构跨度（m） | 设计混凝土强度标准值的百分比（%） |
|---|---|---|
| 板 | $L \leqslant 2$<br>$2 < L \leqslant 8$<br>$L > 8$ | 50<br>75<br>100 |
| 梁、拱、壳 | $L \leqslant 8$<br>$L > 8$ | 75<br>100 |
| 悬臂结构 | $L \leqslant 2$<br>$L > 2$ | 75<br>100 |

拆模后，如果发现缺陷，应找出原因并加以修补。对于数量不多的小蜂窝、麻面或露石等小缺陷，可在清洗后，用高强度等级水泥砂浆或混凝土填满、抹平，并进行养护。对于蜂窝、露筋等大缺陷，应凿掉缺陷部位，重新支模和浇混凝土。

## 4.4 特殊条件下混凝土施工

特殊条件下混凝土施工包括大体积混凝土施工、水下混凝土施工和冬期混凝土施工等。其施工方法除满足普通混凝土施工工艺要求外，还应满足一些特殊工艺要求。

### 4.4.1 大体积混凝土施工

大体积混凝土是指厚度大于1.5m，长宽较大的混凝土结构。如大型设备基础、大型桥梁墩台、水电站大坝等。

大体积混凝土施工存在的主要问题有三个方面：上、下层浇筑间隔时间长，整体性不易保证；水化热导致内外温差大，使混凝土容易产生温度裂缝；泌水多，难以处理。这些问题不解决，将直接影响到混凝土施工质量。

#### 4.4.1.1 整体性浇筑方法

大体积混凝土由于分层浇筑时间长，会使"上层混凝土应在下层混凝土初凝前浇筑"这一条件难以保证。为了保证整体性，应采用全面分层法、分段分层法和斜面分层法等整体性浇筑方法。

(1) 全面分层法

在整个结构内全面分层浇筑混凝土，在第一层浇筑完毕后，浇筑第二层，如此逐层浇筑，直至全部浇筑完成（图4-53）。

全面分层法施工大体积混凝土，混凝土的结构面积 $F$ 应满足以下关系：

$$F \leqslant \frac{VT}{h} \tag{4-13}$$

式中　$V$——每小时浇筑量（$m^3/h$）；

　　　$T$——混凝土初凝时间与运输时间的差；

　　　$h$——浇筑的分层厚度。

(2) 分段分层法

当不满足全面分层条件时，可以采用分段分层浇筑法。将结构分成若干段，每段又分为若干层，逐段逐层浇筑直至完毕（如图4-54）。

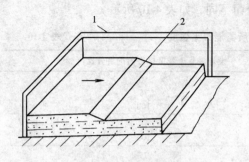

图 4-53 全面分层示意图
1—模板；2—新浇筑混凝土

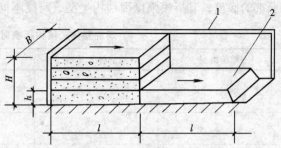

图 4-54 分段分层示意图
1—模板；2—新浇筑混凝土

分段分层浇筑时，根据整体性（即连续性的要求），分段长度应满足下列条件：

$$l \leq \frac{V \cdot T}{B(H-h)} \tag{4-14}$$

式中 $V$——每小时浇筑量（$m^3/h$）；
$T$——混凝土初凝时间与运输时间差；
$h$——浇筑的分层厚度；
$B$、$H$——混凝土需浇筑的宽度和总高度。

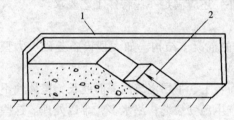

图 4-55 斜面分层示意图
1—模板；2—新浇筑混凝土

（3）斜面分层法

对于长而厚的结构（长度超过厚度的3倍），如条形基础，采用全面分层不满足条件，采用分段分层，分段长度又很短，这时可以考虑用斜面分层，斜面坡度1:3，但也应满足整体性的要求（如图4-55）。

#### 4.4.1.2 温度裂缝的防治

大体积混凝土在养护初期，强度低，在较大内外温差作用下，易导致表面开裂，形成表面裂缝；养护后期，随着散热而收缩，但由于受到基底的约束，从底部开始混凝土内部受拉，产生内部裂纹，向上发展，贯穿整个基础，其危害更大。

对于温度裂缝的有效防治就是要控制混凝土内外温差小于25℃。具体措施包括：选用水化热低的水泥，如矿渣水泥等；掺粉煤灰、缓凝剂等外加剂；投入大粒径骨料，如毛石等；减少水泥用量；循环水内部冷却；减少分层厚度；覆盖保温；冷水拌和；砂石堆场和运输设备遮阳等等。

#### 4.4.1.3 泌水的处理

大体积混凝土由于面积大以及上、下层施工间隔时间长，易产生泌水层。对于泌水的处理，常规方法是自流或抽吸，但抽吸会带走一部分水泥浆。较为合理科学的方法是在同一结构中使用两种坍落度的混凝土，并掺加一定数量的减水剂。

### 4.4.2 水下浇筑混凝土施工

在深基础、地下连续墙等基础以及水下结构工程中，常需在水下浇筑混凝土。水下浇筑容易产生的问题就是水和泥浆混入混凝土内，带走水泥浆，影响混凝土质量。水下浇筑混凝土常采用导管法。

导管是导管法水下施工的主要设备,由直径 100~300mm、长度 1~3m 的钢管筒组成。导管上装有漏斗,在漏斗上方装有振动设备,如图 4-56 所示。

一般每根导管的作用半径为 6~7m,当面积过大时,可采用数根导管同时浇筑,如图 4-57。导管下端埋入混凝土内深度是影响混凝土浇筑质量的重要因素。埋入越深,混凝土越密实,表面也越平坦,但埋置过深,容易造成堵管。故最佳埋置深度一般为 0.8~1m。

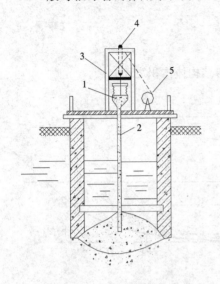

图 4-56 水中浇筑混凝土
1—漏斗;2—导管;3—支架;
4—滑轮组;5—绞车

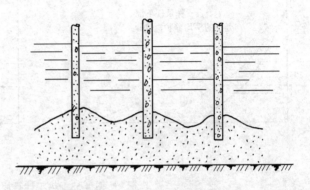

图 4-57 用数根导管同时浇筑混凝土

### 4.4.3 冬期混凝土施工

根据当地气温资料,室外平均气温连续 5 天稳定低于 5℃时,混凝土工程必须遵照冬期施工技术规定进行施工。混凝土前期受冻导致后期最终强度损失,这是因为混凝土受冻后,水泥的水化反应停止,混凝土强度不再增加;继续受冻,产生冰涨应力;冰涨应力大于当时混凝土强度,在混凝土内部产生微裂纹;尽管春季来临时,混凝土解冻后,水泥水化反应可以继续进行,混凝土强度继续增长,但由于受冻期间产生了微裂纹,从而使混凝土的最终强度降低。混凝土受冻后的强度降低与水泥种类、水灰比、混凝土受冻时间的早晚有关,因此为了防止受冻,要在可能的条件下降低水灰比,提高混凝土的受冻前强度。

为了保证混凝土具备抵抗冰胀应力的能力,使最终的强度损失小于混凝土设计强度的 5%,混凝土受冻前至少应达到的强度值,称为混凝土受冻临界强度。它与水泥品种、混凝土强度等级有关,普通硅酸盐水泥混凝土,临界强度为设计强度的 30%。

混凝土冬期施工方法主要有蓄热法、外部加热法和掺外加剂法等。三种方法的互相结合,常常会获得良好的效果。

#### 4.4.3.1 蓄热法

蓄热法利用加热原材料或混凝土所获得的热量及水泥水化热,用保温材料覆盖保温,防止热量散失过快,延缓混凝土的冷却,使混凝土在正温度条件下增长强度以保证冷却至 0℃时混凝土的强度大于受冻临界强度。蓄热法造价低、施工简单,适用于室外最低气温不低于 -15℃、表面系数(结构的冷却面积与总体积之比)不大于 15 的结构或地下工程。上述条件只是定性条件,是否可行还要进行热工计算。热工计算的主要依据为富立叶热传导定律，即：

$$dQ = \frac{dt \cdot dx}{R/F} \tag{4-15}$$

式中　$dQ$——单位体积结构体通过介质向低温一侧传导的热量微分；
　　　$dt$——介质两侧的温差的微分；
　　　$dx$——传导时间微分；
　　　$R$——介质的热阻；
　　　$F$——结构体的表面系数（结构体散热面积与结构体体积之比）。

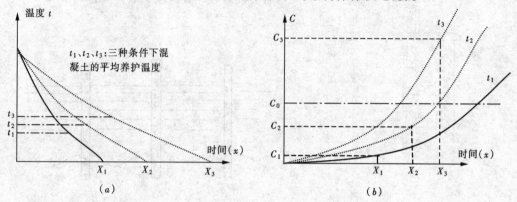

图 4-58　热工计算原理
（a）混凝土温度—时间曲线；（b）混凝土强度随时间增长曲线

计算方法如下：

(1) 由富立叶热传导定律，求混凝土的温度—时间函数 $t(x)$；

(2) 由 $t(x)$ 可求出混凝土从养护开始至任意时刻的平均温度 $t$，进而可求出混凝土从养护时刻起到降至0℃这段时间内的混凝土平均温度 $t^*$（图 4-58 中的 $t_1$、$t_2$、$t_3$）；

(3) 令 $t(x)=0$，也可求出混凝土降到0℃的时间 $x^*$（图 4-57 中的 $X_1$、$X_2$、$X_3$）；

(4) 根据 $t^*$、$x^*$ 查混凝土强度增长曲线，求出混凝土受冻前实际强度 $C$（图 4-58 中的 $C_1$、$C_2$、$C_3$）；

(5) 将实际强度 $C$ 和混凝土临界受冻强度 $C_0$ 进行比较，判断施工方法的可行性。由图 4-58 可看出，只有 $C_3 > C_0$，因此，可以判断第三种条件适合蓄热法施工。

#### 4.4.3.2　外部加热法

当蓄热法施工不可行时，常采用外部加热法。主要有蒸汽加热、电加热等几种形式。

在现浇结构中，蒸汽加热的方式主要有气套法、构件内部通气法两种。采用蒸汽加热的混凝土宜选用矿渣水泥及火山灰水泥。应严格控制升温、降温速度，防止混凝土产生裂缝。

电加热法主要有电极法、电热器法、电磁感应法等。通电加热应在混凝土覆盖后进行。当外表面干燥时，应停止加热，并浇水湿润表面。

外部加热法耗能较高，费用昂贵，应审慎选用。

#### 4.4.3.3　掺外加剂法

混凝土冬期施工中经常使用的外加剂有防冻剂、减水剂、引气剂和早强剂四种类型。

掺外加剂是冬期施工的一种有效方法。

防冻剂的作用是降低冰点，使混凝土早期不受冻。常用的防冻剂有：氯化钠、亚硝酸盐、乙酸钠等。

减水剂的作用是减少用水量，进而减少冰涨应力。常用的减水剂有：木质素磺酸盐类、萘系减水剂、糖蜜系减水剂等。

引气剂能够在混凝土搅拌时引入分布均匀的微小气泡，缓冲冰涨应力。常用的引气剂主要有松香树脂类、烷基苯磺酸盐类、脂肪醇类等。

早强剂能提高混凝土的早期强度，抵抗早期冰涨应力。早强剂有无机盐和有机类两个系列，无机盐类主要有：氯盐、硫酸盐、碳酸盐等；有机类主要有：三乙酸胺、甲醇、乙醇、尿素等。

## 4.5 预应力混凝土施工

预应力混凝土技术是近几十年来在混凝土工程中发展起来的一门新技术。它是在结构构件承受使用荷载以前，在构件受拉区域张拉钢筋，利用钢筋的弹性回缩，对混凝土预先施加压力。施加预应力的方法主要有：先张法、后张法、后张自锚法、电热法和自张法等。本章主要讲述先张法和后张法的施工工艺。

### 4.5.1 先张法

先张法是先张拉预应力筋，并将张拉的预应力筋临时固定在台座（或钢模上），然后浇筑混凝土，待混凝土达到一定强度（一般不低于设计强度的75%），预应力筋和混凝土之间有足够的粘结力时，放松预应力筋，借助粘结力，对混凝土施加预压应力的施工方法。

先张法生产可采用台座法和机组流水法。机组流水法需要较高的机械化程度和大量的钢模，且需蒸汽养护，故一般只用在预制构件厂生产定型构件。而台座法则不需要复杂的机械设备，可露天作业，自然养护（或湿热养护），因此应用较广。图4-59为台座法施工示意图。台座法的工艺流程如图4-60。

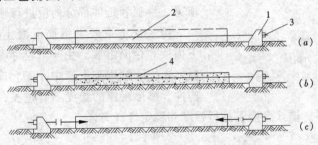

图4-59 先张法施工顺序
(a) 张拉预应力筋；(b) 浇筑混凝土；(c) 放松预应力筋
1—台座；2—预应力筋；3—夹具；4—构件

#### 4.5.1.1 先张法设备系统

(1) 台座

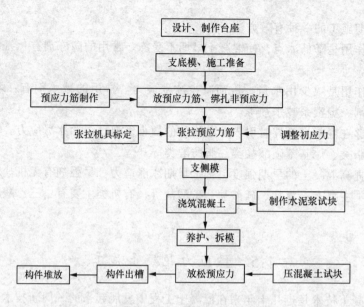

图 4-60 台座法工艺流程

采用台座法生产预应力混凝土构件时，台座是主要设备之一，它承受了预应力筋全部的拉力，因此台座应有足够的刚度、强度和稳定性，避免台座发生变形、倾覆和滑移而产生预应力损失。

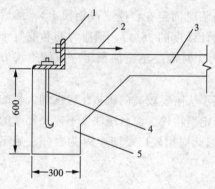

图 4-61 墩式台座
1—角钢；2—预应力钢丝；3—混凝土台面；4—预埋螺栓；5—卧梁

台座按照构造形式的不同，可分为墩式台座和槽式台座。

墩式台座由台墩、横梁、牛腿及台面组成（如图 4-61），一般用于生产中小型构件如屋架、空心板等，其长度通常为 100～150m。墩式台座有简易墩式台座、重力墩式台座、构架式台座和桩基构架式台座四种形式，可根据其特点及应用条件选择。墩式台座在设计时应进行抗倾覆、抗滑移验算，台墩、横梁、牛腿和延伸部分尚应进行强度验算。

槽式台座一般由钢筋混凝土传力柱、上横梁、下横梁和台面组成。由于其能承受较大张拉力和倾覆力矩，故常用于生产中小型吊车梁、屋架等大型构件。槽形台座的长度不宜过长，一般为 45～75m，台座宜和地面相平。槽式台座需进行强度和稳定性计算。

(2) 夹具

先张法的夹具分两类：一类是锚固夹具，其作用是将预应力筋固定在台座上；一类是张拉夹具，其作用是张拉时夹持预应力筋。预应力筋类型不同，采用的夹具形式也不同。

先张法中常采用的预应力筋有钢丝和钢筋，夹具也分为钢筋夹具和钢丝夹具。

1) 钢丝夹具

常用的钢丝锚固夹具有锥形夹具和楔形夹具两种形式（图 4-62），两者均属于锥销式体系。锚固时将锥塞或楔块击入套筒，借助摩擦阻力将钢筋锚固。常用的钢丝的张拉夹具有钳式夹具和偏心式夹具两种，如图4-63所示。

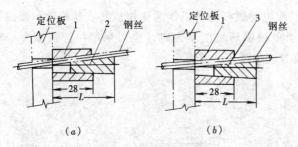

图4-62 钢丝的锚固夹具
(a)圆锥齿板式；(b)圆锥三槽式
1—套筒；2—齿板；3—锥销

图4-63 钢丝的张拉夹具
(a)钳式夹具；
(b)偏心式夹具

2) 钢筋夹具及连接器

钢筋锚固常用螺丝端杆夹具、镦头式和销片式夹具等。采用镦头式夹具需要把直径在22mm以内的钢筋在对焊机上热镦。直径较大时需压模加热，锻打成型。为了检验镦头处的强度，镦头的钢筋须经冷拉。

销片式夹具（如图4-64）由套筒和锥形销片组成。销片可采用两片或三片式。套筒内壁锥角要与锥片的锥角吻合。销片的凹槽内采用热模锻工艺直接锻出齿纹，以增强销片和预应力筋间的摩阻力。

张拉钢筋时，如果钢筋长度不足时，可采用图4-65所示的连接器。连接器可用于钢筋与钢筋相连，也可用于钢筋与螺丝端杆相连。

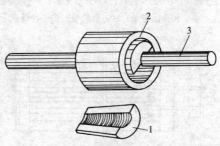

图4-64 两片式销片夹具
1—销片；2—套筒；3—预应力筋

(3) 张拉设备

为了确保施工人员的人身安全和张拉控制力准确，在选择张拉设备时，应保证张拉机具的张拉能力不小于预应力筋张拉力的1.5倍；张拉机具的张拉行程不小于预应力筋张拉伸长值的1.1~1.3倍。

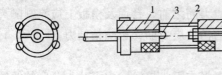

图4-65 套筒双拼式连接器
1—半圆套筒；2—连接器；3—钢筋镦头；4—螺丝端杆；5—钢圈

1) 预应力钢丝的张拉设备

钢丝的张拉分为单根张拉和多根张拉。用台座法生产构件时，一般采用单根张拉；用机组流水法生产构件时，常采用多根张拉。

单根张拉时，一般采用小型卷扬机或电动螺杆张拉机作为张拉机具。由于张拉力较小，故采用弹簧测力计测力，如图4-66。

多根张拉时，一般采用拉杆式千斤顶张拉。将钢丝两端镦粗，通过镦头梳筋板夹具与张拉钩相连，再用连接套筒将张拉钩与拉杆式千斤顶相连即可张拉。

2) 预应力钢筋的张拉设备

预应力钢筋的张拉设备分单根张拉设备或多根成组张拉设备。

① 单根钢筋张拉设备

单根张拉时，一般采用小型卷扬机或电动螺杆张拉机作为张拉机具。其原理和张拉钢丝相同，但张拉力可达 300~600kN。当单根钢筋长度不大时，也可采用拉伸机或穿心式千斤顶张拉。YC-20 穿心式千斤顶张拉方法如图 4-67 所示。

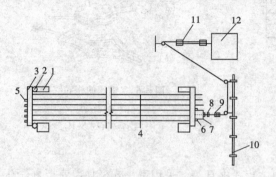

图 4-66 用卷扬机张拉预应力筋
1—台座；2—放松装置；3—横梁；4—钢筋；5—镦头；
6—垫块；7—销片夹具；8—张拉夹具；9—弹簧测力计；
10—固定梁；11—滑轮组；12—卷扬机

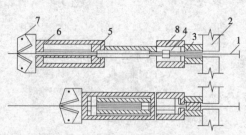

图 4-67 YC-20 穿心式千斤顶张拉过程
1—钢筋；2—台座；3—穿心式夹具；4—弹性顶压头；5、6—油嘴；7—偏心式夹具；8—弹簧

② 多根钢筋成组张拉设备

成组张拉需要较大张拉力的张拉设备，一般采用油压千斤顶进行张拉，如图 4-68 所示。这种装置由于千斤顶行程小，需多次回油，工效较低。

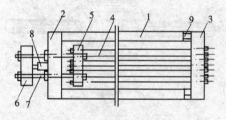

图 4-68 油压千斤顶成组张拉
1—台座；2、3—前、后横梁；4—钢筋；
5、6—拉力架横梁；7—大螺丝杆；8—油压千斤顶；9—放松装置

#### 4.5.1.2 先张法的张拉工艺

(1) 张拉前准备

预应力筋张拉应根据设计要求采用合适的张拉方法，按照合理的张拉程序进行。同时，必须有可靠的质量保证措施和安全保障。

张拉前必须安放好预应力筋。采用钢丝做预应力筋时，应做除油污处理。采用碳素钢丝做预应力筋时，需做刻痕或压波处理。在铺放预应力筋之前，台面及模板上应涂刷隔离剂，以便于脱模，但须采取可靠措施，防止隔离剂沾污预应力筋，影响粘结力。

(2) 预应力筋的张拉

预应力筋可单根张拉，也可多根成组张拉。在多根成组张拉时，为了减小台座的倾覆力矩和偏心力，应先张拉靠近台座截面重心处的预应力筋。

张拉时的控制应力直接影响预应力的效果，需按设计规定选用。为了提高构件的抗裂性能，部分抵消因各种因素产生的预应力损失，施工时，一般要进行超张拉。但钢筋的控制应力和超张拉最大应力不应超过表 4-11 的限值。

施工中可采用两种张拉程序：

① 对于预应力钢丝，由于张拉工作量大，宜采用一次张拉法：$0 \longrightarrow 1.03\sigma_{con}$。超张拉 3% 的目的是弥补应力松弛引起的预应力损失。

控制应力和超张拉最大应力限值　表 4-11

| 预应力筋种类 | 张拉控制应力 | 超张拉最大应力 |
| --- | --- | --- |
| 碳素钢丝、刻痕钢丝、钢绞线 | $0.75f_{ptk}$ | $0.80f_{ptk}$ |
| 热处理钢筋、冷拔低碳钢丝 | $0.70f_{ptk}$ | $0.75f_{ptk}$ |
| 冷拉钢筋 | $0.95f_{pyk}$ | $0.95f_{pyk}$ |

注：表中 $f_{ptk}$、$f_{pyk}$ 分别为预应力钢丝和预应力钢筋的抗拉强度标准值。

② 对于预应力钢筋宜采用如下超张拉法：$0 \longrightarrow 1.05\sigma_{con} \xrightarrow{\text{持荷 2min}} \sigma_{con}$。超张拉 5% 并持荷两分钟的目的在于加速钢筋松弛的早期发展，以减少应力松弛引起的预应力损失（减少 50% 左右）。

预应力钢筋的张拉力一般用伸长值校核，在初应力约为 10%$\sigma_{con}$ 时开始测量。张拉时预应力筋的理论伸长值与实际伸长值的误差在 -5%~10% 范围内是允许的。

预应力钢丝张拉时，伸长值不做校核。待锚固完成 1h 后抽查钢丝的预应力值，其误差应在设计规定阶段预应力值的 ±5% 以内。

(3) 混凝土浇筑和养护

混凝土的浇筑应在预应力筋张拉、钢筋绑扎和支模后立即进行，一次浇筑完成。浇筑时，混凝土应振捣密实，振动器不应碰撞预应力筋，以避免引起预应力损失。

混凝土可采用自然养护或湿热养护。但应注意，当采用湿热养护时，由于混凝土和预应力筋的线膨胀系数不同，在温度升高时台座长度变化较小而预应力筋伸长，将引起预应力损失。这种温差预应力损失如果是在混凝土逐渐硬结时形成，则永远不能恢复。

为了减少温差应力损失，应采用"二次升温养护"，即在混凝土达到一定强度前，预应力筋与台座混凝土的温差一般不应超过 20℃。待混凝土强度达到 7.5MPa（粗钢筋配筋构件）或 10MPa（钢丝、钢绞线配筋构件）以上后，再按一般升温养护。

(4) 预应力筋的放张

预应力筋放张时，混凝土强度必须符合设计要求。如设计无具体要求时，不得低于混凝土强度标准值的 75%。放张过早会产生较大的混凝土弹性压缩而引起预应力损失。

预应力筋的放张顺序如无设计说明应符合下列规定：

① 轴心受预压构件（如压杆、桩等），所有预应力筋应同时放张；

② 偏心受预压构件（如梁等），应同时放张预压力较小区域的预应力筋，再同时放张预压力较大区域的预应力筋；

③ 如不能按①、②两项放张时，应分阶段、对称、相互交错地放张，以防止在放张过程中构件发生翘曲、裂纹和预应力筋断裂。

预应力筋放张前，应拆除侧模，使构件自由收缩。对于配置预应力筋数量不多的混凝土构件放张时，可采用钢丝钳剪断、锯割或氧炔焰熔断的方法，从生产线中间处切断；数量较多时，不允许采用逐根突然放张的方法，而应同时放张，以免最后放张的钢丝断裂。放张可采用千斤顶、砂箱或楔块（如图 4-69）。

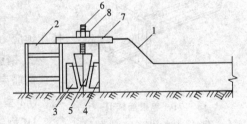

图 4-69　用楔块放张

1—台座；2—横梁；3、4—钢块；5—钢楔块；6—螺杆；7—承压板；8—螺母

### 4.5.2　后张法

后张法是先制作构件，在预应力筋布设的位置预留孔道，待构件混凝土达到规定的强

度后，在孔道内穿入预应力筋进行张拉并加以锚固，最后进行孔道灌浆。后张法不需要台座设备，适于生产大型构件。但由于把锚具作为预应力筋的组成部分，不能重复使用，因此耗钢量较大，加之施工工艺复杂，成本较高。

图 4-70 就是预应力混凝土后张法生产示意图。

#### 4.5.2.1 后张法设备系统

（1）锚具

锚具是后张法结构构件中为保持预应力筋拉力并将其传递到混凝土上的永久性锚固装置。锚具按其锚固钢筋或钢丝数量分为单根粗钢筋、钢筋束和钢绞线束以及钢丝束锚具。

① 单根粗钢筋预应力筋锚具

单根粗钢筋在后张法施工时，根据构件长度和张拉工艺要求，有一端张拉和两端同时张拉两种张拉方式。一端张拉时，张拉端用螺丝杆锚具，固定端用帮条锚具或者镦头锚具。两端张拉时，则均用螺丝杆锚具。

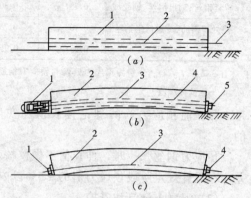

图 4-70 后张法施工过程
（a）制作构件，预留孔道；（b）穿入预应力钢筋张拉并锚固；（c）孔道灌浆
1—混凝土构件；2—预留孔道；
3—预应力筋；4—千斤顶；5—锚具

图 4-71（a）所示即为螺丝杆锚具。它由螺丝端杆、螺母和垫板组成。在张拉时，将螺丝端杆和预应力筋对焊，张拉螺丝端杆，用螺母锚固预应力筋。螺丝端杆可以采用与预应力筋同级冷拉钢筋制作，也可采用冷拉或热处理 45 号钢制作。螺丝端杆的净截面面积应大于或等于预应力筋截面面积。

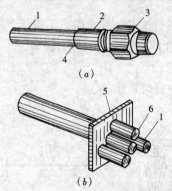

图 4-71 单根筋锚具
（a）螺丝端杆锚具；（b）帮条锚具
1—钢筋；2—螺丝端杆；3—螺母；
4—焊接接头；5—衬板；6—帮条

帮条锚具由帮条和衬板组成，其构造如图 4-71（b）所示。帮条采用与预应力筋同级钢筋，衬板采用 Q235 普通低碳钢板。帮条焊接应在冷拉前进行，三根帮条应互成 120 度，与衬板相接触的截面应在同一垂直平面，以免受力扭曲。

当一端张拉时，采用镦头锚具可降低成本。镦头是直接在预应力筋端部热镦、冷镦或锻打成型。

② 钢筋束和钢绞线束预应力筋锚具

钢筋束和钢绞线束预应力筋常用的锚具有 JM 型、XM 型、QM 型、KT-Z 型以及固定端用的镦头锚具等。

JM 型锚具由锚环和夹片组成。根据夹片数量和锚固钢筋类型、根数，有光 JM12-3~6、螺 JM12-3~6 和绞 JM12-5~6 等几种。图 4-72 为 JM12-6 型锚具的构造。JM 锚具的夹片属分体组合型，锚环为单孔，有方形和圆形两种。JM 型锚具利用楔块原理锚固多根预应力筋。它既可作张拉端锚具，又可作固定端锚具和工具锚具。

XM 型锚具由孔锚板和夹片组成。根据锚固预应力筋数量，可分为单根 XM 型锚具和多根 XM 型锚具。XM 型锚具既可作张拉锚具，也可作工具锚具。

QM 型锚具和 XM 型锚具相似，不同之处在于：锚孔为直孔；夹片为三片式直开缝。

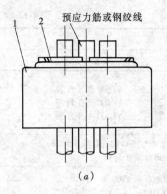 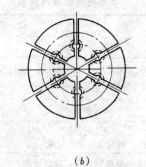 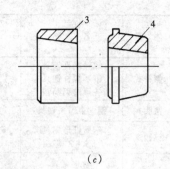

(a) (b) (c)

图 4-72 JM 型锚具
(a) JM 型锚具；(b) 夹片；(c) 锚环
1—锚环；2—夹片；3—圆锚环；4—方锚环

KT-Z 型锚具（可锻铸铁锥形锚具），由锚环和锚塞组成（图 4-73）。该锚具属半埋式锚具，使用时将锚具小头嵌入承压钢板中焊牢，共同埋入构件端部。

固定端用的镦头锚具，由锚固板和带镦头的预应力筋组成。一般用以替代 KT-Z 锚具和 JM 型锚具，降低成本。

③ 钢丝束预应力筋锚具

钢丝束预应力筋常用的锚具有钢质锥形锚具、锥形螺杆锚具和镦头锚具。

钢质锥形锚具又称弗氏锚具，属锥销式锚具（图 4-74），适合锚固 6 根、12 根、18 根和 24 根 $\phi^s5$ 钢丝束。它由锚环和锚塞组成，两者均用 45 号钢制作，锚环内孔锥度和锚塞的锥度一致。为防止钢丝滑动，保证钢丝与锚塞的啮合，锚塞上刻有螺纹状小齿。

锥形螺杆锚具由锥形螺杆、套筒、螺母和垫板组成。锥形螺杆和套筒用 45 号钢制作，螺母和垫片用 3 号钢制作。适合锚固 14~28 根 $\phi^s5$ 钢丝束。

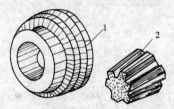 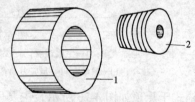

图 4-73 KT-Z 型锚具　　　　图 4-74 钢质锥形锚具
1—锚环；2—锚塞　　　　　　1—锚环；2—锚塞

镦头锚具的形式和规格可根据需要自行设计，可锚固任意根 $\phi^s5 \sim \phi^s7$ 钢丝束。镦头锚具有锚杯式和锚板式两种。锚杯式镦头锚具用于张拉端，由锚杯和螺母组成。锚板式镦头锚具用于固定端，锚杯、锚板和螺母一般均采用 45 号钢制作。

在后张法构件生产中，锚具、预应力筋和张拉设备是配套的，预应力筋不同，采用的锚具也不同。表 4-12 所示为常用锚具，供选用时参考。

(2) 张拉设备

后张法的张拉设备主要有千斤顶和高压油泵。

① 千斤顶

常用锚具配套选用表　　　　　　　　　　　　　　　表 4-12

| 体系 | 名称 | 适用范围 ||
|---|---|---|---|
| | | 预应力筋 | 张拉机具 |
| 螺杆式 | 螺丝端杆锚具<br>锥形螺杆锚具<br>精轧螺纹钢筋锚具 | 直径≤36mm 的冷拉 HRB335、HRB400<br>级钢筋 $\phi^s5$ 钢丝束精轧螺纹钢筋 | YL600 型千斤顶<br>YC600 型千斤顶<br>YC200 型千斤顶 |
| 镦头式 | 钢丝束镦头锚具 | $\phi^s5$ 钢丝束 | |
| 锥销式 | 钢质锥形锚具<br>KT-Z 型 | $\phi^s5$ 钢丝束<br>钢丝束、钢绞线束 | YZ380，600 和 850 型千斤顶<br>YC600 型千斤顶 |
| 夹片式 | JM 型锚具<br>XM 型锚具<br>QM 型锚具<br>单根钢绞线锚具 | RRB400 级钢丝束、钢绞线束<br>$\phi^s15$ 钢绞线束<br>$\phi^s12$、$\phi^s15$ 钢绞线束<br>$\phi^s12$、$\phi^s15$ 钢绞线 | YC600 与 1200 型千斤顶<br>YCD1000 与 2000 型千斤顶<br>YCQ1000、2000 与 3500 型千斤顶<br>YC180 与 200 型千斤顶 |
| 其他 | 帮条锚具 | 冷拉 HRB335、HRB400 级钢筋 | 固定端用 |

后张法常用的千斤顶有拉杆式千斤顶，也称拉伸机（代号 YL）、锥锚式千斤顶（代号 YZ）和穿心式千斤顶（代号 YC）三种。

拉伸机如图 4-75 所示，主要用于张拉采用螺丝端杆锚具的粗钢筋、锥形螺杆锚具钢丝束和镦头锚具的钢丝束。常用的是 YL-60 型，其最大张拉力为 600kN，张拉行程为 150mm，活塞面积为 16200mm²，最大工作油压为 40N/mm²。

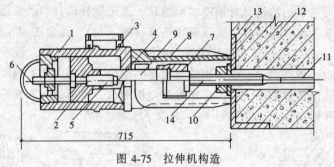

图 4-75　拉伸机构造

1—主缸；2—主缸活塞；3—主缸油嘴；4—副缸；5—副缸活塞；6—副缸油嘴；7—连接器；8—顶杆；9—拉杆；10—螺母；11—预应力筋；12—混凝土构件；13—预埋钢板；14—螺线端杆

锥锚式千斤顶如图 4-76 所示，主要用于张拉以 KT-Z 型锚具为张拉锚具的钢筋束和钢绞线束以及以钢质锥形锚具为张拉锚具的钢丝束。常用的有 YZ-36 型和 YZ-60 型。前者的最大张拉力为 360kN，张拉行程为 300mm，最大工作油压为 25.4N/mm²。后者的最大张拉力为 600kN，张拉行程为 150～300mm，最大工作油压为 30N/mm²。

穿心式千斤顶是我国目前常用的张拉千斤顶，主要用于张拉 JM-12 型、XM 型和 QM 型锚具的预应力钢丝束、钢筋束和钢绞线束。穿心式千斤顶加以改

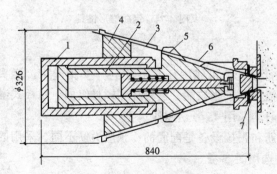

图 4-76　YZ-85 千斤顶构造

1—主缸；2—副缸；3—楔块；4—锥形卡环；5—退楔翼片；6—钢丝；7—锥形锚头

装,可作为拉杆式千斤顶使用和锥锚式千斤顶使用。YC 型千斤顶常用的有 YC60(图 4-77)、YC20D、YCD120、YCD200 和无顶压机构的 YCQ 型千斤顶,其技术性能见表 4-13。

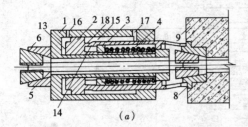 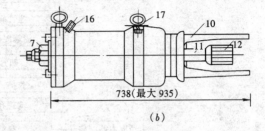

图 4-77　YC-60 型千斤顶
(a)构造及工作原理;(b)加撑脚后的外貌图
1—张拉油缸;2—顶压油缸(即张拉活塞);3—顶压活塞;4—弹簧;5—预应力筋;6—工具锚;7—螺母;8—锚环;9—构件;10—撑脚;11—张拉杆;12—连接器;13—张拉工作油室;14—顶压工作油室;15—张拉回程油室;16—张拉缸油嘴;17—顶压缸油嘴;18—油孔

**穿心式千斤顶技术性能表**　　　　　　　　　　　　　　表 4-13

| 项次 | 技术性能 | YC60 | YC20D | YCD120 | YCD200 |
|---|---|---|---|---|---|
| 1 | 最大张拉力(kN) | 600 | 200 | 1200 | 2000 |
| 2 | 最大行程(mm) | 200 | 200 | 180 | 180 |
| 3 | 张拉缸活塞面积(mm²) | 20000 | 5110 | 29000 | 44000 |
| 4 | 工作油压(N/mm²) | 32 | 40 | 50 | 50 |
| 5 | 顶压缸活塞面积(mm²) | 11400 | | | |
| 6 | 顶压力(kN) | 350 | | | |

② 高压油泵

高压油泵主要提供高压油,与千斤顶配套使用,是千斤顶的动力和操纵部分。目前常用的油泵型号有:ZB0.8/500、ZB0.6/630、ZB4/500 和 ZB10/500 等。

ZB4/500 型油泵是预应力筋张拉的通用油泵。其外形尺寸为 745mm × 494mm × 1052mm,采用 10 号或 20 号机械油,油箱容量为 42L,有 2 个出油嘴,每个出油嘴的额定排量为 2L/s。

**4.5.2.2　后张法施工工艺**

后张法预应力混凝土构件的施工工艺流程如图 4-78,这里只介绍与预应力有关的施工工艺。

(1) 孔道留设

孔道形状有直线、曲线、折线,由设计方根据构件的受力性能,并参考张拉锚固体系来决定。孔道直径对于粗钢筋来说比预应力筋直径大 10 ~ 15mm;对于钢丝束或钢绞线束比其大 5 ~ 10mm。孔道间距不小于 50mm;孔道至边缘净距不小于 40mm。

后张法中孔道留设常用的方法有钢管抽芯法、胶管抽芯法和预埋波纹管法。前两者所用的钢管和胶管可重复使用,造价低廉但施工较烦琐;后者为一次性埋入铁皮管或波纹管,虽施工简单但造价较高。施工时,依据实际情况选用恰当的孔道留设方法。

① 钢管抽芯法

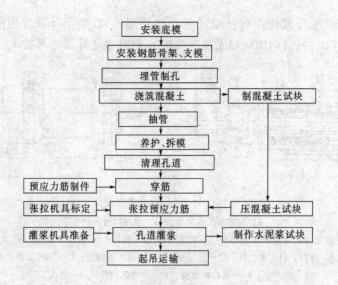

图 4-78 后张法施工工艺流程图

钢管抽芯法用于直线孔道的留设。构件的模板和非预应力钢筋安装完成后,把钢管预埋在需要留设孔道的部位。一般采用钢筋井字架(图 4-79)固定钢管,接头处用铁皮套管连接(图 4-80)。在混凝土浇筑和养护期间,每隔一段时间要慢慢转动钢管一次,防止钢管与混凝土粘结,待混凝土终凝前抽出钢管,构件中形成孔道。

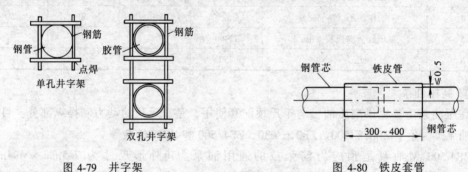

图 4-79 井字架　　　　　　　　　图 4-80 铁皮套管

② 胶管抽芯法

胶管抽芯法用于留设直线、曲线和折线孔道。胶管一般用 5~7 层夹布胶管或者预应力混凝土专用的钢丝网胶皮管。后者与钢管的使用方法相同,只不过混凝土浇筑后无需转动。前者在使用前,必须充水或充气。将胶管一端外表面削去 1~3 层胶皮或帆布,然后插入带有粗丝扣的一端密闭的钢管,再用钢丝把胶管和钢管连接处密缠牢固(图 4-81a)。胶管的另一端接上充水或充气用的阀门,采用同样的方法密封,如图 4-81(b)所示。抽管前,先放水或放气降压使胶管孔径变小,从而使胶管与混凝土脱离,抽出成孔。

③ 预埋波纹管法

预埋管法用于预应力筋密集、曲线配筋、抽管困难或有特殊要求等情况下。一般是埋入薄钢管、镀锌钢管或金属螺旋管(波纹管)成孔。金属螺旋管是用冷轧钢带或镀锌钢管在卷管机上压波后螺旋咬合而成。一般每根长度为 4~6m,当长度不足时,采用大一号的同型螺旋管连接。金属螺旋管具有重量轻、刚度好、弯折方便、连接容易、与混凝土粘结良好等优点，可制成各种形状的孔道，是现代后张法预应力筋孔道成型的理想材料。

(2) 预应力筋下料长度计算

预应力钢筋的下料长度与构件长度、锚具类型、张拉设备有关。这里只介绍其中三种情况下的预应力筋长度计算：单根预应力粗钢筋、两端用螺丝端杆锚具；一端用螺丝端杆锚具、另一端用帮条（或镦头）；预应力钢丝束、钢质锥形锚具、锥锚式千斤顶。

① 单根预应力粗钢筋、两端用螺丝端杆锚具时，预应力钢筋下料长度计算

单根粗预应力筋的制作一般包括配料、对焊、冷拉等工序。单根预应力钢筋主要采用直径在 12~36mm 的冷拉 HRB335、HRB400 级钢筋或精轧螺纹钢筋。其下料长度应由计算确定。

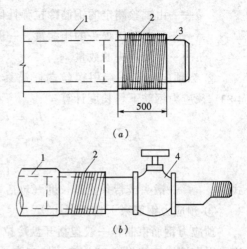

图 4-81 胶管密封
(a) 胶管封端；(b) 胶管与阀门连接
1—胶管；2—20号钢丝密缠；3—钢管堵头；4—阀门

当两端采用螺丝端杆锚具时（图 4-82），预应力筋成品长度，即预应力筋和螺丝端杆对焊并经冷拉后的全长 $L_1$，由图 4-82 可知：

$$L_1 = l + 2l_2 \tag{4-16}$$

式中 $l$——构件的孔道长度；

$l_2$——螺丝端杆伸出构件外的长度，按下式计算：

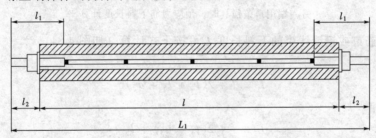

图 4-82 单根预应力粗钢筋、两端用螺丝端杆锚具时，预应力筋下料长度计算

张拉端： $$l_2 = 2H + h + 0.5\text{cm} \tag{4-17}$$

锚固端： $$l_2 = H + h + 1\text{cm} \tag{4-18}$$

式中 $H$——螺母高度；

$h$——垫板厚度。

预应力筋部分的成品长度，即冷拉后需要达到的长度 $L_0$ 为：

$$L_0 = L_1 - 2l_1 \tag{4-19}$$

式中 $l_1$——螺丝端杆长度。

预应力筋部分的下料长度 $L$ 为：

$$L = \frac{L_0}{1 + \gamma - \delta} + n\Delta \tag{4-20}$$

式中 $\gamma$——由试验测定的钢筋冷拉拉长率；

$\delta$——由试验测定的钢筋冷拉弹性回缩率；

$\Delta$——每个对接焊头的压缩量，一般为 20～30mm；

$n$——对接焊头的数量。

② 当预应力筋一端用螺丝端杆锚具，另一端用帮条锚具（或镦头锚具）时（如图4-83），预应力钢筋下料长度计算

$$L_1 = l + l_2 + l_3$$
$$L_0 = L_1 - l_1 \tag{4-21}$$

$$L = \frac{L_0}{1 + \gamma - \delta} + n\Delta \tag{4-22}$$

式中 $l_3$——镦头或帮条锚具长度（包括垫板厚度 $h$）。

③ 预应力钢筋束下料长度计算

预应力钢筋束制作一般包括开盘冷拉、下料和编束。对于预应力钢绞线束，在张拉前应采用钢绞线抗拉强度 85% 的预拉应力预拉，但如果出厂前经过低温回火处理，则可不必预拉。编束时，把钢筋或钢绞线理顺，用钢丝每 1m 左右绑扎一道。

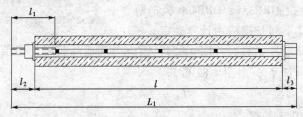

图 4-83 单根预应力粗钢筋、一端用螺丝端杆锚具、
另一端用帮条锚具时，预应力筋下料长度计算

预应力钢筋束或钢绞线束的下料长度 $L$ 可按下式计算（如图 4-84）：

两端张拉：

$$L = l + 2(l_4 + l_5 + a_3) \tag{4-23}$$

一端张拉：

$$L = l + 2(l_4 + a_3) + l_5 \tag{4-24}$$

式中 $l_5$——千斤顶分丝头至卡盘外端距离；

$a_3$——钢丝束端头预留量。

(3) 预应力筋张拉

预应力筋张拉前，应提供构件混凝土的强度试验报告。当混凝土的立方体强度满足设计要求时，方可施加预应力。如设计无要求，则不应低于强度等级的 75%。

1) 预应力筋的张拉方式

预应力张拉方式主要有以下几种：

① 一端张拉：主要适合于钢筋长度小于 30m 的直线预应力筋张拉。

② 两端张拉：主要适合于钢筋长度大于 30m 的直线预应力筋张拉。曲线预应力筋为减少孔道摩擦引起的预应力损失，也采用两端张拉。两端张拉有两端同时张拉和一端先张拉并锚固后再张拉另一端两种方式。前一种适用于锚具变形损失不大且设备充足；后一种主要在只有一台张拉设备或为了减少锚具变形损失时应用。

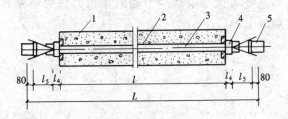

图 4-84 采用钢质锥形锚具时
钢丝下料长度计算简图
1—混凝土构件；2—孔道；3—钢丝束；4—钢质
锥形锚具；5—锥锚式千斤顶

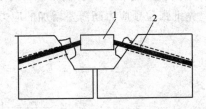

图 4-85 连接器接长
1—连接器；2—预应力筋

③ 分段张拉：一般大跨度多跨连续梁桥在分段施工时采用分段张拉，相邻段预应力筋用锚头连接器接长（如图4-85）。

2) 预应力筋之间张拉顺序

当预应力筋数量多于设备数量时，不能做到同时张拉，需要分批张拉。对于同一批次应同时张拉，但张拉端要对称。对于不同批次预应力筋的张拉顺序，应遵守以下原则：① 对称张拉（即构件不产生扭转与侧弯）；② 尽量减少张拉设备移动次数。

如图 4-86 为预应力屋架下弦杆钢丝束的张拉顺序；图 4-87 为吊车梁预应力筋的张拉顺序。

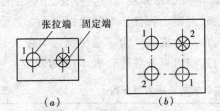

图 4-86 屋架下弦杆预应力筋张拉顺序
(a) 两束；(b) 四束
1、2—预应力筋分批张拉顺序

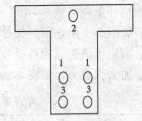

图 4-87 吊车梁预应力
筋的张拉顺序
1、2、3—分批张拉顺序

3) 张拉力的施加方法

① 每根钢筋（或钢筋束、钢丝束）张拉力的施加程序：

i) $0 \longrightarrow \sigma_{con}$

ii) $0 \longrightarrow 1.03\sigma_{con}$

iii) $0 \longrightarrow 1.05\sigma_{con} \xrightarrow{\text{持荷 2min}} \sigma_{con}$

选用哪种程序由设计规定（和预应力损失取值有关），一般采用第二种施加程序。

② 同一构件分批张拉时张拉力的施加。

分批张拉可能产生的问题是后批张拉使前批张拉筋产生预应力损失。为了避免应力损失，常采用超张拉和补张拉。

所谓超张拉，就是在先批张拉时超过设计控制应力值张拉，其目的就是要弥补后批张拉使前批张拉筋产生的预应力损失。超张拉的优点在于张拉次数少，因此应尽可能应用。

需要提醒的是,用超张拉法施加张拉力时,还要考虑每根预应力筋的张拉力施加程序 0 $\longrightarrow 1.03\sigma_{con}$,即在计算各批张拉力时还要乘以 1.03。

先批张拉预应力筋需要增加的应力为:

$$\Delta\sigma = E_S \cdot \delta = E_S \cdot \frac{\sigma_c}{E_c} = \frac{E_S}{E_c} \cdot \sigma_c = n \cdot \sigma_c$$

$$\sigma_c = \frac{(\sigma_{con} - \sigma_{l1}) \cdot A_P}{A_n}$$

(4-25)

式中 $n$——钢筋与混凝土的弹性模量比;
$\sigma_c$——后批张拉时对构件产生的法向压应力;
$\sigma_{l1}$——预应力筋的第一批预应力损失(指锚具变形和摩擦损失);
$A_P$——后批预应力筋截面积;
$A_n$——混凝土构件净截面积。

当设备数量少,而张拉批次多时,很可能造成最先张拉的几批预应力筋需增加的应力值很大,以至超过规定的最大张拉应力,这时不能用超张拉,只能采用补张拉。所谓补张拉就是先分别按正常控制应力进行张拉,张拉完毕后,再对各前批预应力筋补加张拉应力 $\Delta\sigma = n\sigma_c$。

③ 叠浇构件张拉力的施加方法。

叠浇构件重叠层数 3~4 层,张拉时先上后下(如图 4-88)。这种情况下,上层构件产生的水平摩阻力会阻止下层构件预应力筋张拉时混凝土弹性压缩的自由变形,当上层构件吊起后,摩阻力消失,构件要收缩,从而引起预应力损失。为了避免预应力损失,应自上而下逐层加大张拉力,如图 4-89,逐层增加的张拉力百分数符合表 4-14 的规定。

平卧重叠浇筑构件逐层增加的张拉力百分数　　　　表 4-14

| 预应力筋类别 | 隔离剂类别 | 逐层增加的张拉力百分数 | | | |
|---|---|---|---|---|---|
| | | 顶层 | 第二层 | 第三层 | 底层 |
| 高强钢丝束 | 塑料薄膜、油纸、废机油滑石粉、纸筋灰、石灰水、废机油、柴油石蜡、废机油、石灰水、滑石粉 | 0<br>0<br>0 | 1.0<br>1.5<br>2.0 | 2.0<br>3.0<br>3.5 | 3.0<br>4.0<br>5.0 |
| HRB335 级冷拉钢筋 | 塑料薄膜、油纸、废机油滑石粉、纸筋灰、石灰水、废机油、柴油石蜡、废机油、石灰水、滑石粉 | 0<br>1.0<br>2.0 | 2.0<br>3.0<br>4.0 | 4.0<br>6.0<br>7.0 | 6.0<br>9.0<br>10.0 |

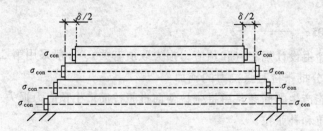

图 4-88　叠层构件张拉时下层构件变形受到限制

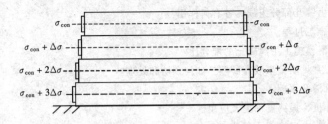

图 4-89 张拉力的施加方法

(4) 张拉力的校核

后张法常采用应力控制法进行张拉,并校核伸长值,以防止张拉力不足、孔道摩阻损失偏大以及预应力筋的异常等现象的出现。

张拉实际伸长值按下式计算:

$$L = \Delta L_1 + \Delta L_2 + \Delta L_c \tag{4-26}$$

式中 $\Delta L_1$——从初应力至最大张拉力之间的实测伸长值;

$\Delta L_2$——初应力以下的推算伸长值;

$\Delta L_c$——混凝土压缩及锚具塞紧时预应力筋的内缩。

初应力以下的推算伸长值 $\Delta L_2$ 采用图解法确定。如图 4-90 所示,将各级张拉力的伸长值标在图上,绘成张拉力与伸长值关系曲线 $CAB$,此曲线与横坐标的交点到坐标原点的距离 $OO'$ 即为推算伸长值 $\Delta L_2$。当实际伸长值比计算伸长值大 10% 或小 5% 时,应停止张拉,并采取调整措施。

(5) 孔道灌浆

预应力筋张拉后,应及时进行孔道灌浆,防止预应力钢筋锈蚀,增加结构的整体性和耐久性,提高结构的抗裂性能。

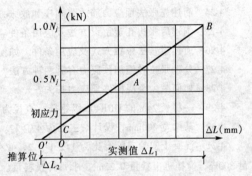

图 4-90 预应力筋实际伸长值图解

灌浆材料应具有足够强度(>25MPa)和粘接力、较大流动性、较小的干缩性和泌水性(加外加剂)。灌浆用施工设备为灌浆机,灌浆压力以 0.5~0.6MPa 为宜。

灌浆前,水泥浆必须过滤,并用压力水将孔道冲刷干净。灌浆顺序为先下后上。直线孔道灌浆,应从构件一端到另一端;曲线孔道灌浆,应从孔道最低处向两端进行。

灌浆工作应在常温下连续进行,并确保排气畅通。

## 思 考 题 与 习 题

4-1 钢筋冷拉质量控制方法是什么?如何进行冷拉参数、设备能力计算?

4-2 钢筋代换的方法和步骤。

4-3 钢筋连接方法有哪些?各种焊接方法的应用条件是什么?

4-4 模板的作用是什么?有哪些类型?应用范围怎样?

4-5 P3015 的含义是什么?

4-6 试述模板的配板原则。

4-7　滑模系统由哪几部分组成，各有何作用？
4-8　简述滑模施工过程。
4-9　如何确定滑模施工用混凝土的配合比？
4-10　滑模施工常见质量事故有哪些？如何预防和处理？
4-11　简述液压滑升原理。
4-12　简述搅拌机、振捣器种类及应用。
4-13　混凝土长距离运输方法是什么？
4-14　混凝土浇筑的质量要求和施工的技术要求有哪些？
4-15　试述施工缝留设的原则和位置。
4-16　混凝土的搅拌工艺包括哪几方面？主要要求是什么？
4-17　试述混凝土的强度检查方法、修补方法、养护方法及应用。
4-18　试述整体性浇筑方法及应用条件。
4-19　为什么会产生温度裂缝？如何防治？
4-20　什么是冬期施工，有哪些方法？应用范围如何？
4-21　阐述蓄热法的热工计算原理。
4-22　什么是先张法和后张法？有什么区别？
4-23　简述先张法预应力施加程序及应用。
4-24　简述先张法预应力筋放张顺序和放张方法。
4-25　阐述后张法孔道留设方法及应用条件。
4-26　简述后张法张拉方式及应用条件。如何确定张拉顺序？
4-27　分批张拉时施加预应力有哪两种方法？应用条件各是什么？
4-28　如何减少叠浇构件预应力损失？
4-29　一根长 24m 的 HRB400 级钢筋，直径为 18mm，采用应力控制进行冷拉，试计算伸长值及拉力。
4-30　某梁宽 300mm，设计时主筋为 4 Φ 22。现场仅有 Φ 20 和 Φ 25，试进行钢筋代换。
4-31　混凝土实验室配合比为 1:2.1:4.2，$W/C = 0.6$，$W_x = 3\%$，$W_y = 1\%$。每立方米混凝土水泥用量 300kg，搅拌机出料量 $0.25m^3$，求每拌投料量。
4-32　某框架结构现浇混凝土板，采用组合钢模及钢管支架支模。板厚 100mm，其支模尺寸为 4.95m × 3.5m，楼层高度为 4.5m，要求做配板设计及模板结构布置与验算。

# 5 构件吊装

装配式结构构件施工应当包括两部分,一是将构件吊装到指定位置,二是将构件连接成整体。本章重点介绍构件的吊装施工。

## 5.1 起重机械

起重机械是构件吊装的主要施工设备,对构件安装起决定性的作用。常用起重机械包括自行杆式起重机、桅杆式起重机、塔式起重机。

### 5.1.1 起重机械的种类和特点

#### 5.1.1.1 自行杆式起重机

(1) 自行杆式起重机的种类及应用

自行杆式起重机具有自行走、全回转、机动性好等特点,起重臂可升降,起重参数可调以适应不同安装要求。根据行走机构特点分为轮胎式起重机、履带式起重机、汽车式起重机三种,如图5-1、图5-2、图5-3所示。自行杆式起重机多用于厂房安装和构件装卸。

图5-1 QL$_3$-16轮胎式起重机

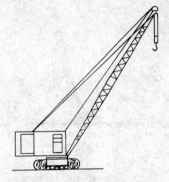

图5-2 履带式起重机

(2) 技术参数及其之间关系

自行杆式起重机吊装的技术参数包括起重量、起重高度、起重半径,如图5-4所示。三种参数之间存在一定关系。

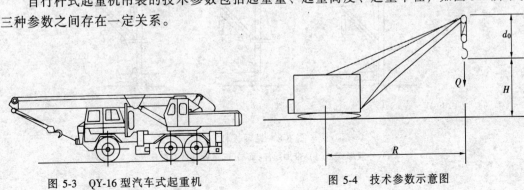

图5-3 QY-16型汽车式起重机　　图5-4 技术参数示意图

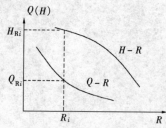

图 5-5 起重参数之间的关系

起重量 $Q$：在一定起重半径下，起重机能吊起的最大重量；

起重高度 $H$：在一定起重半径下，起重机将构件吊起的最大高度，即从停机面到吊钩所能升到的最高点之间的距离；

起重半径 $R$：起重机回转中心到吊钩之间的水平距离。

三个参数可分别在一定区间内变化，三参数都受起重臂长和起重臂仰角的制约，如图 5-5 所示：起重臂长一定，仰角增大，起重半径减少，起重高度、起重量增大；仰角减小，起重半径增大，起重高度、起重量减少。

#### 5.1.1.2 桅杆式起重机

桅杆式起重机需要现场设计、加工制作，若起重机结构的强度、刚度、稳定性很高，则起重高度和起重量可以很大，如有的金属格构式独角拔杆，起重高度可达 75m，起重量可达 100t 以上。桅杆式起重机的起重半径 $R$、起重量 $Q$、起重高度 $H$ 的变化范围很小，有时是固定的。根据支撑结构特点，桅杆式起重机分为独脚拔杆（图 5-6）、人字拔杆（图 5-7）、悬臂拔杆（图 5-8）等几种。桅杆式起重机一般在缺少起重机或起重机起重能力不足时采用。

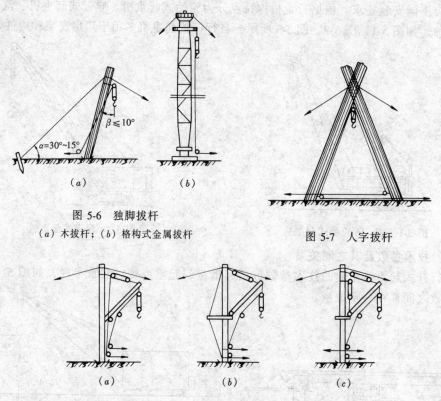

图 5-6 独脚拔杆
（a）木拔杆；（b）格构式金属拔杆

图 5-7 人字拔杆

图 5-8 悬臂拔杆
（a）一般形式；（b）带加劲杆；（c）起重臂杆可沿拔杆升降

#### 5.1.1.3 塔式起重机

塔式起重机具有起重高度和工作幅度大、效率高等特点，多用于多层及高层建筑施工，按行走机构可分成轨道式（图 5-9）、爬升式和附着式三种类型。爬升式起重机的爬升过程如图 5-10 所示。附着式起重机的锚固如图 5-11 所示，自升过程如图 5-12 所示。

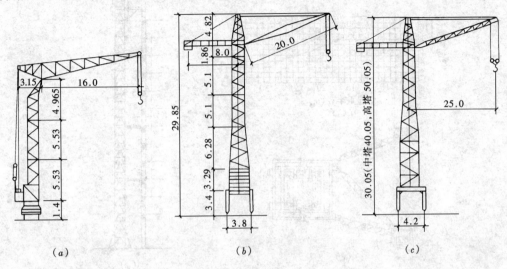

图 5-9 塔式起重机
（a）QT1-2 型塔式起重机；（b）QT1-6 型塔式起重机；（c）QT60/80 型塔式起重机

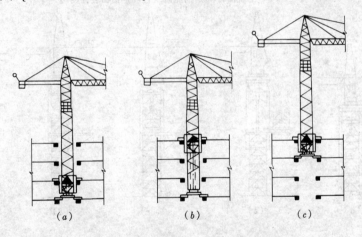

图 5-10 爬升式起重机爬升过程示意图
（a）准备状态；（b）提升套架；（c）提升塔身

塔式起重机的参数包括起重高度、起重力矩、工作幅度、起重量，其中，起重力矩 = 工作幅度 × 起重量。常用起重机的技术参数见表 5-1 和表 5-2。

QT1-2 型塔式起重机起重性能　　　表 5-1

| 工作幅度（m） | 起重量（t） | 起重高度（m） | 工作幅度（m） | 起重量（t） | 起重高度（m） |
| --- | --- | --- | --- | --- | --- |
| 8 | 2 | 28.3 | 14 | 1.14 | 22.5 |
| 10 | 1.6 | 26.9 | 16 | 1 | 17.2 |
| 12 | 1.33 | 25.2 | | | |

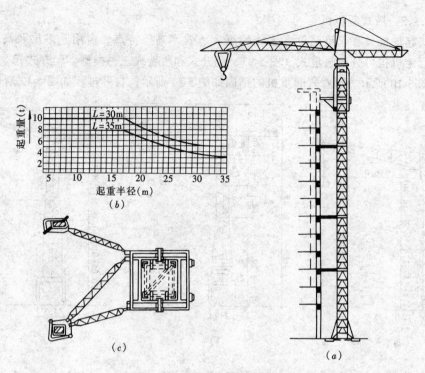

图 5-11 QT4-10 型塔式起重机

(a) 全貌图；(b) 性能曲线；(c) 锚固装置图

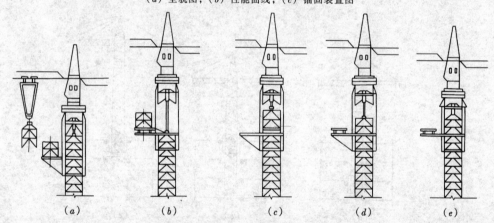

图 5-12 附着式塔式起重机的自升过程

(a) 准备状态；(b) 顶升塔顶；(c) 推入标准节；(d) 安装标准节；(e) 塔顶与塔身连成整体

TQ4-10 型塔式起重机的起重性能　　　　表 5-2

| 安装形式 | 臂长(m) | 工作幅度(m) | 滑轮组倍率 | 起重高度(m) | 起重量(t) |
|---|---|---|---|---|---|
| 固定式或行走式 | 30 | 3～16 | 2 | 40 | 5 |
| | | | 4 | 40 | 10 |
| | | 20 | 2 | 40 | 5 |
| | | | 4 | 40 | 8 |
| | | 30 | 2 | 40 | 5 |
| | | | 4 | 45 | 5 |
| | | | 4 | 50 | 4 |

续表

| 安装形式 | 臂长(m) | 工作幅度(m) | 滑轮组倍率 | 起重高度(m) | 起重量(t) |
|---|---|---|---|---|---|
| 固定式或行走式 | 35 | 3~16 | 2<br>4 | 40<br>40 | 4<br>8 |
| | | 25 | 2<br>4 | 40<br>40 | 5<br>— |
| | | 35 | 2<br>4<br>4 | 40<br>45<br>50 | 3<br>4<br>3.4 |
| 附着式或爬升式 | 30 | 3~16 | 2<br>4 | 160<br>80 | 5<br>10 |
| | | 20 | 2<br>4 | 160<br>60 | 5<br>10 |
| | | 30 | 2<br>4 | 160<br>80 | 5<br>10 |
| | 35 | 3~16 | 2<br>4 | 160<br>80 | 4<br>8 |
| | | 25 | 2<br>4 | 160<br>80 | 4<br>— |
| | | 35 | 2<br>4 | 160<br>80 | 3<br>4 |

### 5.1.2 构件吊装的技术参数计算

构件吊装的技术参数包括起重量、起重高度、起重半径。

#### 5.1.2.1 起重量和起重高度的计算

（1）构件安装要求的起重量 $Q$ 为：

$$Q = Q_1 + Q_2 \tag{5-1}$$

式中 $Q_1$——构件重量（t）；
$Q_2$——索具重量（t）。

（2）构件安装要求的起重高度 $H$ 为：

$$H = h_1 + h_2 + h_3 + h_4 \tag{5-2}$$

式中 $h_1$——安装支座表面高度，从停机面算起；
$h_2$——安装间隙，一般为 0.3m；
$h_3$——绑扎点至构件吊起后底面的距离；
$h_4$——索具高度，即绑扎点与吊钩之间的距离，$h > 1m$。

构件安装要求的起重高度 $H$ 的计算可参照图 5-13。

#### 5.1.2.2 起重半径的计算

（1）构件安装场地对起重半径的限制

构件安装场地有障碍物时，起重机不能无限制地开到构件附近。使起重机不能按设备最小起重半径起吊，这时起重机安装高度和起重量不是最大值。因此，一台起重机能否将构件吊起，光知道构件起重量和起重高度还不够，还要看在构件安装场地起重机能开到构件附近的最近距离，即场地最小起重半径。所选起重机械应满足，在该最小起重半径上所能达到的起重量和起重高度大于构件安装所要求的起重量和起重高度。

（2）场地最小起重半径的确定

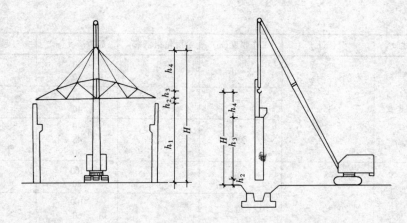

图 5-13　履带式起重机起重高度计算简图

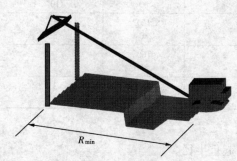

图 5-14　地面有障碍时最
小起重半径的确定

一般情况，起重机可以不受限制地开到构件附近，没有场地最小起重半径；这时起重机可按照设备最小起重半径起吊。

在构件和起重机之间的地面上有障碍，起重机不能开到构件附近，这时场地最小起重半径等于障碍物与构件安装位置之间的距离，如图 5-14 所示。

在构件和起重机之间的空中有障碍，起重机也不能自由地开到构件附近，这时确定最小起重半径较复杂，需要根据起重臂不与空中障碍相碰撞的条件来确定。

下面以单层厂房屋面板吊装为例，介绍场地最小起重半径的计算方法。

吊装屋面板时，起重机要跨过屋架，若停机点离屋架太近，起重臂容易与屋架碰撞，因此存在一个现场所要求的最小起重半径。求该场地最小起重半径有解析和图解两种方法。

1）解析法

如图 5-15 所示，设起重臂长为 $L$，起重臂下铰至屋面板吊装支座的高度为 $h$，起重钩需跨过已安装好结构的距离为 $f$，起重臂轴线与已安装好结构间满足不碰撞的最小水平距离为 $g$，则起重臂与屋架之间的不碰撞条件为：

$$L\cos\alpha - \frac{h}{\tan\alpha} - f \geq g$$

即
$$L \geq \frac{h}{\sin\alpha} + \frac{f+g}{\cos\alpha} \tag{5-3}$$

显然 $\frac{h}{\sin\alpha} + \frac{f+g}{\cos\alpha}$ 是 $\alpha$ 的函数。

令
$$\frac{h}{\sin\alpha} + \frac{f+g}{\cos\alpha} = L(\alpha)$$
则式（5-3）为：$L \geq L(\alpha)$

可见 $L(\alpha)$ 是 $L$ 的最小值。而 $L(\alpha)$ 本身也有最小值。因此 $L$ 的最小值就是 $L(\alpha)$ 的

最小值。

令：$\dfrac{dL}{d\alpha} = \dfrac{-h\cos\alpha}{\sin^2\alpha} + \dfrac{(f+g)\sin\alpha}{\cos^2\alpha} = 0$

可得： $\alpha = \arctan\sqrt[3]{\dfrac{h}{f+g}}$ (5-4)

即 $\alpha = \arctan\sqrt[3]{\dfrac{h}{f+g}}$ 时，$L(\alpha)$ 有最小值 $L_{\min}$。根据 $L_{\min}$ 选择起重机的臂长 $L^*$，并用求得的 $\alpha$ 值可求出最小起重半径：

$$R_{\min} = L^*\cos\alpha + F \quad (5-5)$$

2) 图解法

如图 5-16，图解法步骤如下：

首先，按比例绘出构件的安装标高、柱距中心和停机面线。根据（$h_1 + h_2 + h_3 + h_4 + d_0$）在柱距中心线上确定 $P_1$ 的位置；根据 $g = 1m$ 确定 $P_2$ 点位置；根据起重机的 $E$ 值绘出平行于停机面的水平线 $GH$。然后连接 $P_1P_2$，并延长使之与 $GH$ 相交于 $P_3$（此点即为起重臂下端的铰点）。量出 $P_1P_3$ 的长度，即为所求的起重臂的最小长度。

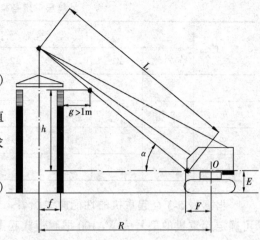

图 5-15 用解析法求最小起重臂长

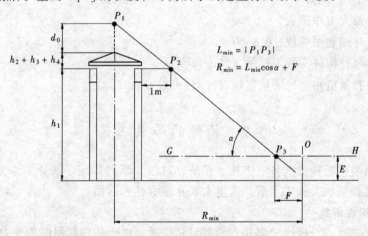

图 5-16 用图解法求最小起重臂长

(3) 实际起重半径的确定

实际起重半径应大于或等于场地最小起重半径。一般起重半径越小，施工越安全，因此实际施工所用的半径要尽可能小，故通常选实际起重半径等于最小起重半径。

### 5.1.3 起重设备选择

起重设备选择包括类型、型号、数量。下面以单层厂房为例介绍设备选择：

(1) 类型选择：单层工业厂房吊装一般采用自行杆式起重机，而且多为履带式起重机。

(2) 根据各种构件起重参数的要求，选择起重机型号。

经过计算，某单层厂房各构件吊装的技术参数如表 5-3 所示。

某单层厂房各构件吊装的技术参数  表5-3

| 构件 | 柱 | | 梁 | | 屋架 | | 板 | | ... |
|---|---|---|---|---|---|---|---|---|---|
| | Z1 | Z2 | L1 | L2 | WJ1 | WJ2 | B1 | B2 | |
| $Q_i$ | 7.4 | | 6.2 | | 5.2 | | 2.3 | | |
| $H_i$ | 9.7 | | 8.7 | | 17.7 | | 18 | | |
| $R_i$ | | | | | | | 15 | | |
| $L_{\min}$ | | | | | | | 21 | | |

根据表5-3查起重机的性能曲线图表，使所选起重机械满足所有构件的起重要求，便可确定起重机的型号为 $W_1$-100 型履带式起重机。

(3) 起重机数量：

$$N = \frac{1}{T \cdot C \cdot K} \sum \frac{Q_i}{P_i} \tag{5-6}$$

式中　$N$——起重机数量；
　　　$T$——工期（d）；
　　　$C$——每天工作班数；
　　　$K$——时间利用系数，0.8～0.9；
　　　$Q_i$——每种构件安装工程量（件或台班）；
　　　$P_i$——起重机相应的产量定额（件/台班或t/台班）。

## 5.2　构件的吊装工艺

构件的吊装包括施工准备、绑扎、起吊、对位、临时固定、校正、永久固定等过程，具体施工方法详见相关施工手册，这里主要介绍绑扎和起吊。

### 5.2.1　构件绑扎

构件绑扎要注意合理确定绑扎点的数目和位置。由于构件起吊时的受力与构件安装后的受力不一致，导致在起吊过程中产生附加应力，因此，构件绑扎点的位置和数目应按照附加应力最小的原则来确定。

#### 5.2.1.1　柱的绑扎

通常，柱采用一点或两点绑扎，长、细柱，抗弯能力低，可采用多点绑扎。柱绑扎方法有斜吊绑扎和直吊绑扎两种，直吊绑扎容易就位对正，但需要起重机的起重高度比斜吊绑扎法高。柱绑扎点位于牛腿下200mm处，如图5-17所示。

#### 5.2.1.2　屋架的绑扎

梁、板、拱片、屋架、天窗架等构件多采用多点绑扎。屋架绑扎点数目取决于跨度，如图5-18所示。绑扎点位置按照起吊附加应力最小和便于预埋件施工的原则确定。在起吊过程中吊索保持与水平面夹角大于45°，当构件尺寸很大时，要保证吊索与水平面夹角大于45°所需起重高度会很大，这时可以采用横吊梁方法减小起重高度（图5-18c、d）。

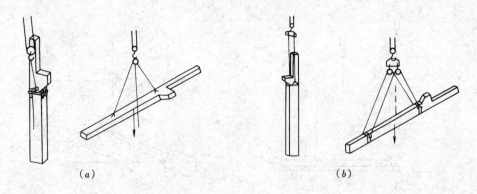

图 5-17 柱的绑扎
(a) 斜吊绑扎；(b) 直吊绑扎

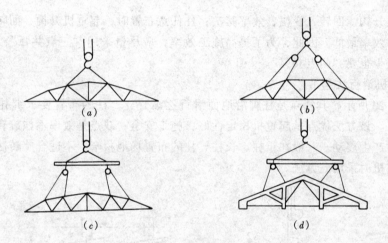

图 5-18 屋架绑扎方法
(a) 跨度小于或等于18m时；(b) 跨度大于18m时；(c) 跨度大于30m时；
(d) 三角形组合屋架

### 5.2.2 构件的起吊

#### 5.2.2.1 柱的起吊

根据在起吊过程中柱的运动特点，柱的起吊方法分为：旋转法、滑行法；根据起重机台数可分为：单机起吊、双机抬吊，于是柱的起吊方法包括：单机旋转法起吊、单机滑行法起吊、双机旋转法起吊、双机滑行法起吊。

(1) 单机旋转法起吊

如图 5-19 所示，其特点是柱在吊升过程中柱身绕柱脚旋转而逐渐直立，该方法要求柱布置成三点共弧，如不能三点共弧至少也要两点共弧。这种起吊方法的优点是效率高，柱不受震动；缺点是起重机运动幅度大，重柱起吊时起重机失稳的可能性增加。一般当起重机机动性好（如自行杆起重机）、中小型柱、柱按旋转法起吊要求布置时采用此方法。

旋转法起吊要求柱布置成三点共弧或两点共弧是因为柱的不同布置形式对起重机操作及施工效率有影响：柱三点共弧布置时，起重机升钩、回转，效率较高；柱两点共弧布置

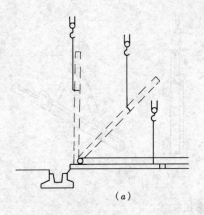 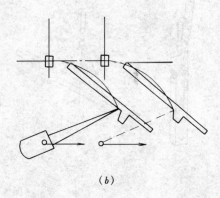

图 5-19 旋转法吊装柱
(a) 柱吊升过程；(b) 柱平面布置

时，起重机升钩、回转、变幅，效率其次；柱任意布置时，起重机升钩、回转、变幅还要负荷行走，效率最低。因此，为了提高施工效率，应尽量采用"三点共弧"，不能"三点共弧"时至少也要"两点共弧"。

(2) 单机滑行法起吊

如图 5-20 所示，其特点是柱脚沿地面滑行逐渐直立，柱的布置要求绑扎点位于基础附近就可以。该方法优点是起重机稳定性好，施工安全；缺点是效率不如旋转法高，柱沿地面滑行时产生震动。一般在重柱、长柱、柱的布置场地狭窄、不适合旋转法起吊或采用桅杆式起重机时采用此方法。

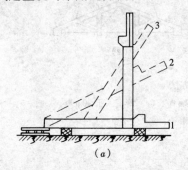 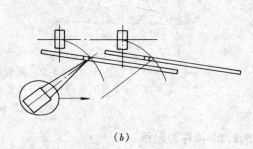

图 5-20 滑行法吊装柱
(a) 柱吊升过程；(b) 柱平面布置

(3) 双机旋转法起吊

双机旋转法起吊如图 5-21 所示，两台起重机将构件吊起后同时升钩并回转，但回转方向相反。

(4) 双机滑行法起吊

双机滑行法起吊如图 5-22 所示，两台起重机同时升钩将柱吊起，柱沿地面滑行。

(5) 双机抬吊时起重机负荷分配

双机抬吊时每台起重机负荷分配取决于吊点和构件重心位置。如图 5-23，其负荷分配可按下式计算：

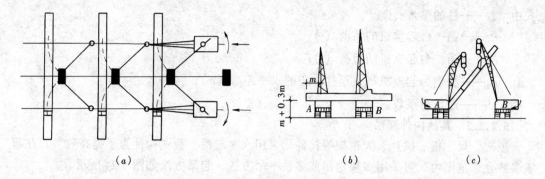

图 5-21 双机抬吊旋转法
(a) 柱的平面布置；(b) 双机同时提升吊钩；(c) 双机同时向杯口旋转

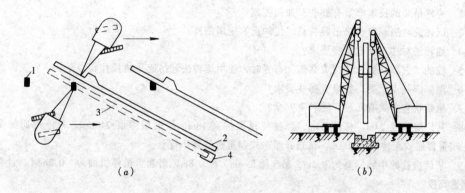

图 5-22 双机抬吊滑行法
(a) 俯视图；(b) 立面图
1—基础；2—柱预制位置；3—柱翻身后位置；4—滚动支座

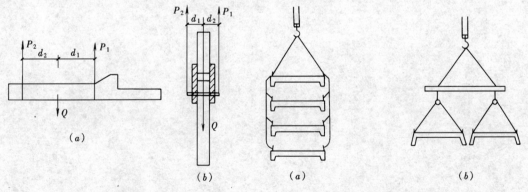

图 5-23 负荷分配计算简图
(a) 两点抬吊；(b) 一台抬吊

图 5-24 屋面板吊装
(a) 多块迭吊；(b) 多块平吊

$$P_1 = 1.25Q \frac{d_2}{d_1 + d_2}$$

$$P_2 = 1.25Q \frac{d_1}{d_1 + d_2} \tag{5-7}$$

式中　$Q$——柱的重量（t）；
　　　$P_1$——第一台起重机的负荷（t）；
　　　$P_2$——第二台起重机的负荷（t）；
　$d_1$、$d_2$——分别为起重机吊点至柱中心的水平距离（m）；
　　1.25——超负荷系数。

#### 5.2.2.2　其他构件起吊

屋架、梁、板、拱片、天窗架等构件均采用水平起吊，板式构件为了提高效率，在起重参数允许范围内，可采用多块迭吊或多块平吊方法，起吊方法如图 5-24 所示。

## 思 考 题 与 习 题

5-1　常用的起重机械有哪些？使用范围是什么？

5-2　构件吊装的技术参数有哪些？如何控制？

5-3　试述旋转法和滑行法吊装特点、优缺点、应用条件？

5-4　旋转法对柱布置有哪些要求？

5-5　柱的"三点共弧"、"两点共弧"布置时，使用旋转法起吊起重机操作特点是什么？

5-6　屋架绑扎点位置、数量有哪些要求？

5-7　屋架扶直方式有几种，哪种更安全？

5-8　某厂房跨度 24m，柱距 24m，天窗架顶面标高 18m，屋面板厚度 240mm，若停机面标高为 -0.2m，起重臂底铰距地面为 2.1m，试选择履带式起重机的最小臂长。

5-9　某厂房柱的牛腿标高为 8.2m，吊车梁长 6m，高 0.8m，当起重机停机面为 -0.2m 时，计算吊车梁的起重高度。

# 6 建筑结构施工

结构是一个整体,包含各种材料构成的构件,比如砖混结构,可能包含砌体构件、现浇构件、预制构件等,其施工方法应当是各种材料施工方法的集成。因此,结构施工方法不仅要确定各种材料的施工设备与施工工艺,也应当确定那些服务整体结构的平台系统、运输系统及结构的施工顺序等。

## 6.1 砖混结构施工

### 6.1.1 脚手架

脚手架是堆放材料和工人进行操作的临时设施。虽然是临时设施,但施工时人要站到上面进行操作,因此脚手架搭设要满足以下要求:尺寸满足工人操作、材料堆放、运输需要;要有足够的刚度、强度和稳定性;结构简单、拆装方便,并能多次周转。

脚手架按材料分为木、竹、金属脚手架;按搭设位置分为外脚手架、里脚手架;按结构形式分为多立杆式、桥式、框式、吊式、挑梁式脚手架。

#### 6.1.1.1 外脚手架

钢管扣件式多立杆脚手架是砖混结构最经常使用的外脚手架,通常沿建筑物外墙搭起,它是由 $\phi48$ 钢管和扣件连接而成,其组成及尺寸如图 6-1 所示、扣件形式如图 6-2 所示。其特点是拆装方便,搭设高度大、周转次数多,并可根据施工需要灵活布置每步架的高度。

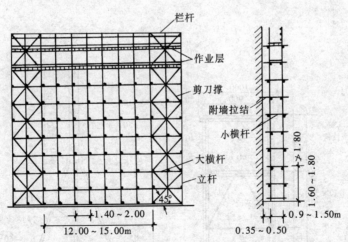

图 6-1 扣件式钢管外脚手架

多立杆式脚手架分双排式和单排式,取决于墙体厚度、建筑物高度。砌块墙体、半砖墙体、空心砖墙体或建筑物高度超过 30m,不宜布置成单排式。

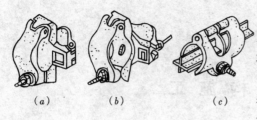

图 6-2 扣件形式

（a）直角扣件；（b）回转扣件；（c）对接扣件

门框式脚手架组成如图 6-3 所示，拆装更为方便，且规格统一，施工时按不同要求进行组合。

脚手架安全是至关重要的，因此搭设时地基要夯实，土质不良时底座要加垫板，外侧拉设安全网，不能铺有空头板等。

#### 6.1.1.2 里脚手架

里脚手架搭设于建筑物内部，多用于内墙砌筑或装修，有时也用于外墙砌筑。其结构形式有折叠式（图 6-4）、支柱式（图 6-5）、门框式等。

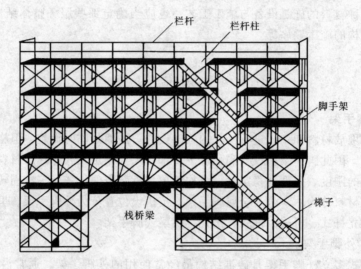

图 6-3 框式外脚手架

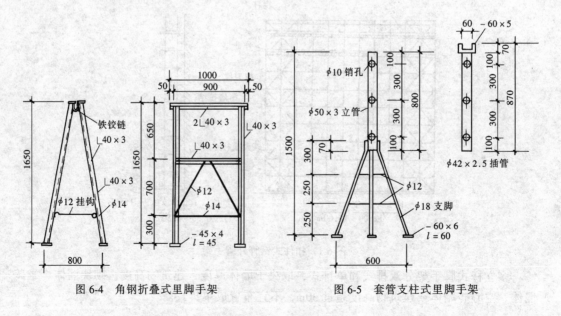

图 6-4 角钢折叠式里脚手架　　图 6-5 套管支柱式里脚手架

### 6.1.2 材料的运输

材料运输包括垂直运输和水平运输，其中垂直运输是咽喉。砖混结构施工常用的垂直运输机具有轻型塔式起重机、龙门架+卷扬机（图6-6）和井架+卷扬机（图6-7）等，高层建筑中还可采用附壁式人货两用升降机——施工电梯（图6-9）。轻型塔式起重机可同时满足垂直和水平运输的需要，其他几种形式均为固定式，只能用来做垂直运输。

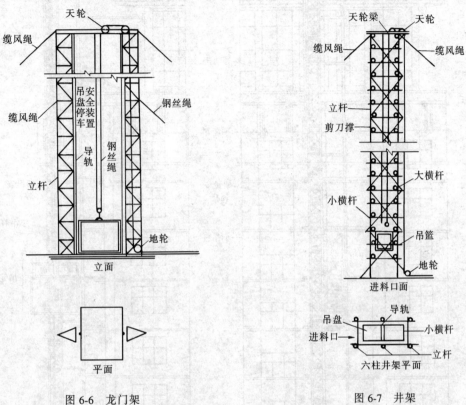

图6-6 龙门架　　　　　　　　图6-7 井架

井架和龙门架是由钢管和扣件组装而成，造价很低，应用很普遍。有时单独使用，有时与其他垂直运输设备配合使用。它与脚手架之间的关系如图6-8所示。

常用运输方案的选择：普通的砖混结构可采用井架或龙门架（带拔杆）或轻型塔式起重机+井架（或龙门架）方案；小区建筑可采用起重机+龙门架或井架。

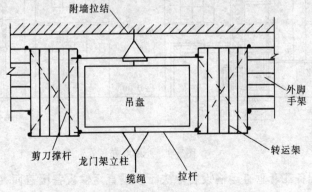

图6-8 龙门架与脚手架之间的关系

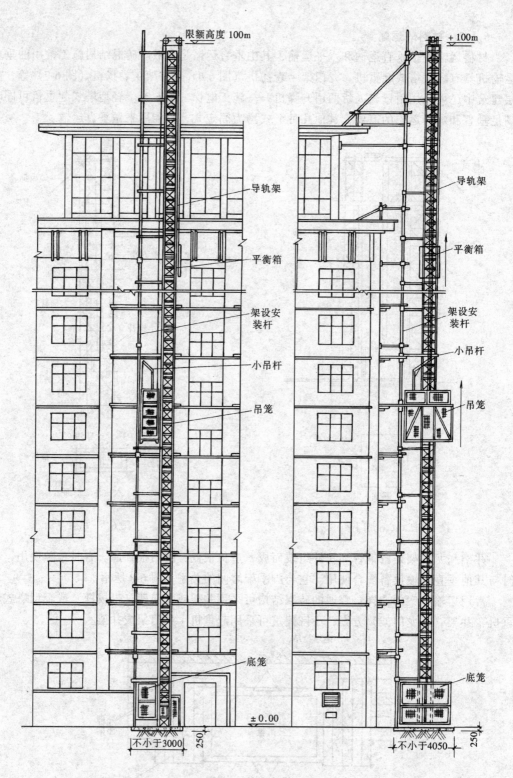

图 6-9 外用电梯

一个建筑物配备几套垂直运输设备取决于该垂直运输设备覆盖面（或供应面）的大小和供应能力。塔吊的覆盖面是以塔吊为圆心、以起重幅度为半径的圆形面积；其他垂直运输设备的覆盖面（或供应面）是以地面材料供应点为起点，地面运输与楼面运输距离之和小于80m的范围。垂直运输设备的供应能力等于吊次或运次乘以每次吊量再乘以折减系数0.5~0.75。吊次或运次可通过编制日运输计划或经验法得到，通常塔吊日吊次约60~90。所选垂直运输设备要使待建工程的全部作业面处于垂直运输设备的覆盖面（或供应面）的范围之内，供应能力满足施工高峰期材料的每日需要量。

### 6.1.3 施工顺序

确定砖混房屋上部结构的施工顺序，必须事先把整个结构的施工工作细分，确定它到底包括多少项工作（通常叫分项工程）。首先从施工工序上可分为：搭设脚手架、砌筑墙体、楼板安装（或浇筑）三个分项工程；从空间上可划分成若干小的施工单元。于是，整个结构施工工作是由每个单元的搭设脚手架、砌筑墙体、楼板安装所组成。

为提高劳动生产率，充分利用空间和时间，通常按流水作业法的施工顺序组织施工。流水作业法要求不同工种工作由不同的专业施工队承担，各施工队连续在不同施工单元上完成各自的工作。施工单元是通过建筑物竖向上按可砌高度（可砌高度由砌筑方法决定，对于人工砌筑一次可砌高度约为1.2~1.5m，它等于脚手架一步架的高度）划分为若干施工层，平面上划分为若干施工段实现的。

图6-10是一个砖混结构三层三单元住宅施工组织实例，每个楼层划分为两个施工层，平面上按结构单元划分为3个施工段。若每单元每个楼层的砌筑和安装楼板都需要2d，其施工顺序如图6-10（a）所示，第一个施工段第一施工层砌完之后，砌筑工即转入第二施工段第一施工层砌筑，此时架工在第一施工段的第一施工层处搭设脚手架；第3d砌筑工返回第一施工段第二施工层砌筑，第4d转入第3施工段第一施工层砌筑，同时安装工

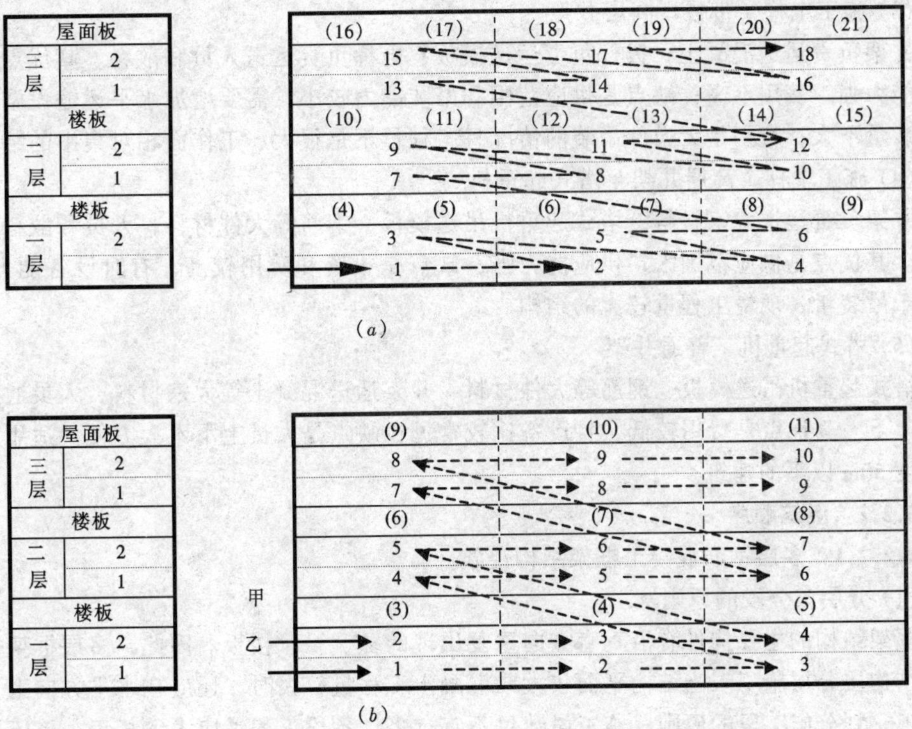

图6-10 砖混结构的施工组织实例

在第4、5d进行楼板安装。该方案确保了各施工队的连续施工。若安装工在每个施工段安装楼板仅需1d，可以组织两个砌墙小队成阶梯式施工，见图6-10（b），这样确保各施工队连续施工，同时也缩短了工期（但需要的人数也多）。

综上所述，砖混结构施工顺序取决于施工工序和施工组织形式，这里采用的是流水施工，原理详见第10章。

## 6.2 现浇混凝土结构施工

### 6.2.1 运输系统

现浇混凝土结构施工需要运送混凝土等大宗材料，也需要吊装模板、钢筋等大件材料，因此运输设备应包括吊装设备（见5.1节）和垂直运输设备（见6.1.1节），常用方案有：

（1）施工电梯+塔式起重机

塔式起重机负责吊送模板、钢筋、混凝土，人员和零散材料由电梯运送。其优点是供应范围大，易调节安排；缺点是集中运送混凝土的效率不高。适用于混凝土量不是特别大而吊装量大的结构。

（2）施工电梯+塔式起重机+混凝土泵（带布料杆）

混凝土泵运送混凝土，塔式起重机吊送模板、钢筋等大件材料，人员和零散材料由电梯运送。其优点是供应范围大，供应能力强，更易调节安排；缺点是投资和费用很高。适用于工程量大、工期紧的高层建筑。

（3）施工电梯+带拔杆高层井架

井架负责运送混凝土，拔杆负责运送模板，电梯负责运送人员和散料。其优点是垂直输送能力强，费用不高；缺点是供应范围和吊装能力较小，需要增加水平运输设施。适用于吊装量不大，特别是无大件吊装的情况且工程量不是很大、工作面相对集中的结构。

（4）施工电梯+高层井架+塔式起重机

井架负责运送大宗材料，塔式起重机吊送模板、钢筋等大件材料，人员和散料由电梯运送。其优点是供应范围大，供应能力强；缺点是投资和费用较高，有时设备能力过剩。适用于吊装量、现浇工程量较大的结构。

（5）塔式起重机+普通井架

塔式起重机吊送模板、钢筋等大件材料，井架运送混凝土等大宗材料，人员通过室内楼梯上下。其优点是费用较低，且设备比较常见；缺点是人员上下不太方便。适用于建筑物高度50m以下的建筑。

### 6.2.2 浇筑顺序

#### 6.2.2.1 多层钢筋混凝土框架结构浇筑

（1）分层与分段的原则

框架结构的主要构件有沿垂直方向重复出现的柱、梁、楼板。因此，多层框架结构一般按结构层分层施工。当结构平面较大或混凝土工程量较大时，还应在水平方向上分段进行施工。划分施工段的原则：施工段数目不宜过多；各段工程量应大致相等；施工段之间的界限——施工缝的位置既要符合剪力最小的要求，又要便于施工，同时施工缝尽量与建筑缝相吻合。一般分段长度不宜超过 25~30m。

大工程在工期紧迫的情况下采用连续流水施工时，划分施工段还应考虑施工队数目和技术停歇等因素，施工段数应大于施工队数（详见第 10 章流水施工），并使第一施工队（钢筋队）完成第一施工层各施工段后准备转移到第二施工层的第一施工段时，该段第一层混凝土已浇筑完毕，并达到允许工人在其上进行操作的强度（$1.2N/mm^2$）。

(2) 柱、梁、楼板之间的浇筑顺序

当楼层不高或工程量不大时，柱、梁、板可一次整体浇筑，柱与梁板间不留施工缝。柱浇筑后，须停顿 1~1.5h，待柱混凝土初步沉实后，再浇筑其上的梁板，以避免因柱混凝土下沉在梁、柱接头处形成裂缝。

当楼层较高或工程量大时，柱与梁、板间分两次浇筑，柱与梁、板间施工缝留在梁底（或梁托下）。待柱混凝土强度达 $1.2N/mm^2$ 以上后，再浇筑梁和板。

(3) 柱的浇筑顺序

柱宜在梁板模板安装后钢筋未绑扎前浇筑，以便利用梁板模板作横向支撑和柱浇筑操作平台用。一施工段内的柱应按排或列由外向内对称地依次浇筑，不要从一端向另一端推进，以避免柱模因混凝土单向浇筑受推倾斜而使误差积累难以纠正。

与墙体同时浇筑的柱子，两侧浇筑高差不能太大，以防柱子中心移动。

(4) 梁和楼板的浇筑顺序

肋形楼板的梁板应同时浇筑，顺次梁方向从一端向前推进。根据梁高分层浇筑成阶梯形，当达到板底位置时即与板的混凝土一起浇筑，而且倾倒混凝土的方向与浇筑方向相反。

梁高大于 1m 时，可先单独浇筑梁，其施工缝留在板底以下 20~30mm 处，待梁混凝土强度达到 $1.2N/mm^2$ 以上时再浇筑楼板。

无梁楼盖浇筑时，在柱帽下 50mm 处暂停，然后分层浇筑柱帽，待混凝土接近楼板底面时，再连同楼板一起浇筑。

(5) 楼梯浇筑顺序

楼梯宜自下而上一次浇筑完成，当必须留置施工缝时，其位置应在楼梯长度中间 1/3 范围内。

#### 6.2.2.2 剪力墙结构的浇筑顺序

剪力墙结构浇筑时应先浇墙后浇板，同一段剪力墙应先浇中间后浇两边。门窗洞口应以两侧同时下料，浇筑高差不能太大，以免门窗洞口发生位移或变形。窗台标高以下应先浇筑窗台下部，后浇筑窗间墙，以防窗台下部出现蜂窝孔洞。

## 6.3 单层厂房结构安装

### 6.3.1 结构安装方法及安装顺序

单层厂房结构安装方法有分件安装法和综合安装法。

#### 6.3.1.1 分件安装法及安装顺序

分件安装法是指起重机每开行一次，仅吊装一种或两种构件（图 6-11）。

第一次开行，吊装完全部柱子，并对柱子进行校正和最后固定；

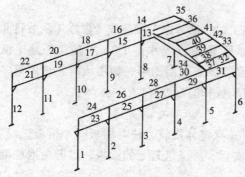

第二次开行，吊装吊车梁、联系梁及柱间支撑等；

第三次开行，按节间吊装屋架、天窗架、屋面板及屋面支撑等。

分件安装法能够使构件有充分时间校正；构件可以分批进场，供应亦较单一，现场不致拥挤；吊具不需经常更换，操作程序基本相同，吊装速度快；可根据不同的构件选用不同性能的起重机，能充分发挥机械的效能。但分件安装法不能为后续工作及早提供工作面，且起重机的开行路线长。

图6-11 分件吊装法构件吊装顺序

一般情况下单层厂房的结构安装多采用分件安装法。

#### 6.3.1.2 综合安装法及安装顺序

综合安装法（又称节间安装）是起重机在车间内一次开行中，分节间吊装完所有各种类型构件。即先吊装4～6根柱子，校正固定后，随即吊装吊车梁、联系梁、屋面板等构件，待吊装完一个节间的全部构件后，起重机再移至下一节间进行吊装（图6-12）。

综合安装法的优点是起重机开行路线短，停机点位置少，可为后续工作创造工作面，有利于组织立体交叉平行流水作业，加快工程进度。但综合安装法要同时吊装各种类型构件，不能充分发挥起重机的效能；且构件供应紧张，平面布置复杂，校正困难；必须要有严密的施工组织，否则会造成施工混乱，故此法很少采用。只有在某些特殊结构（如门式结构）必须采用综合吊装时，或当采用桅杆式起重机进行吊装时才采用。

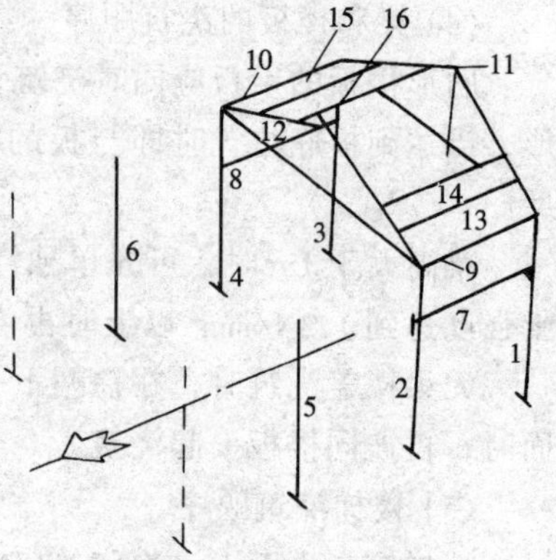

### 6.3.2 起重机停机点位置及开行路线

吊装屋架、屋面板等构件，起重机大多沿跨中开行；吊装吊车梁，起重机沿跨边开行；吊装柱时，根据起重半径和厂房跨度，起重机可沿跨中或跨边开行。

图6-12 综合吊装法构件吊装顺序

当 $R \geq L/2$ 时，起重机可沿跨中开行，每个停机位置可吊2根柱子（图6-13$a$）；

当 $R \geq \sqrt{\left(\dfrac{L}{2}\right)^2 + \left(\dfrac{b}{2}\right)^2}$ 时，起重机沿跨中开行，且每个停机位置可吊4根柱子（图6-13$b$）；

当 $R < L/2$ 时，起重机沿跨边开行，每个停机位置吊装1根柱子（图6-13$c$）；

当 $R \geq \sqrt{a^2 + \left(\dfrac{b}{2}\right)^2}$ 时，起重机沿跨边开行，每个停机位置可吊装2根柱子（图6-13$d$）。

式中　$R$——起重机的起重半径（m）；

　　　$L$——厂房跨度（m）；

$b$——柱的间距（m）；

$a$——起重机开行路线到跨边轴线的距离（m）。

当柱布置在跨外时，起重机一般沿跨外开行，停机位置与跨边开行相似。

某单跨车间采用分件吊装法，起重机开行路线和停机点位置如图6-14所示。

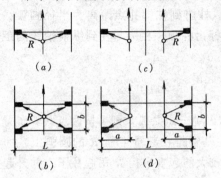

图6-13 吊柱时起重机开行路线和停机点位置

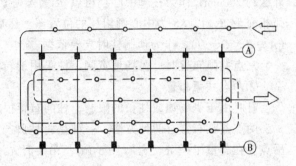

图6-14 起重机开行路线及停机位置

### 6.3.3 构件的平面布置

构件的平面布置应满足下列要求：

（1）每跨构件尽可能布置在本跨内；

（2）尽可能布置在起重机的起重半径内，尽量减少起重机负重行驶的距离及起重臂的起伏次数；

（3）应首先考虑重型构件的布置；

（4）构件布置的方式应便于支模及混凝土的浇筑工作，预应力构件尚应考虑有足够的抽管、穿筋和张拉的操作场地；

（5）构件布置应力求占地最少，保证道路畅通，当起重机械回转时不致与构件相碰；

（6）所有构件应布置在坚实的地基上；

（7）构件的平面布置分预制阶段构件平面布置和吊装阶段构件就位布置，但两者之间有密切关系，需同时加以考虑，做到相互协调，有利吊装；

（8）注意构件的朝向，避免空中调头。

#### 6.3.3.1 预制阶段构件布置

（1）柱的布置

柱预制时的平面布置分为斜向布置和纵向布置。

1）斜向布置

斜向布置有三点共弧布置和两点共弧布置两种方法。

①三点共弧布置

三点共弧即绑扎点、柱脚、杯口中心三点共弧，如图6-15所示，其作图步骤如下：

首先，确定起重机开行路线到柱基中心线的距离 $a$，$a$ 不得大于起重半径 $R$，也不宜太小，以致太靠近基坑。同时还应确保起重机回转时，

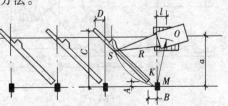

图6-15 预制柱三点共弧布置

其尾部不与周围构件或建筑物碰撞。综合考虑以上条件后，画出起重机的开行路线。

其次，确定起重机停机位置。以柱基中心 $M$ 为圆心，吊装该柱的起重半径 $R$ 为半径画弧交开行路线于 $O$ 点，$O$ 点即为吊装该柱的停机点。

第三，以 $O$ 为圆心、$R$ 为半径画弧，然后在该弧上靠近杯口附近选一点 $K$（距杯口外缘约 200mm）作为柱脚中心。再以 $K$ 为圆心、以柱脚到柱绑扎点距离为半径画弧，两弧相交于 $S$，以 $KS$ 为中心画出柱的位置图。然后标出柱顶、柱脚与柱到纵横轴线的距离（$A$、$B$、$C$、$D$），作为预制柱时支模依据。

三点共弧布置时，需场地宽阔，柱采用旋转法起吊。

②两点共弧布置

有时由于受场地或柱长的限制，柱的布置很难做到三点共弧，则可按两点共弧布置。

两点共弧布置有两种方法：一种是将柱脚与柱基安排在起重半径 $R$ 的圆弧上，而将吊点放在起重半径 $R$ 之外（图6-16）。吊装时先用较大的起重半径 $R'$ 吊起柱子，并升起重臂。当起重臂由 $R'$ 变为 $R$ 后，停升起重臂，再按旋转法吊装柱。另一种是将吊点与柱基安排在起重半径 $R$ 的同一圆弧上，两柱脚可斜向任意方向（图6-17）。吊装时，柱可用旋转法或滑行法吊升。

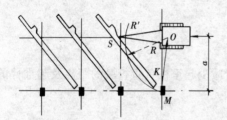
图6-16 柱脚与基础两点共弧

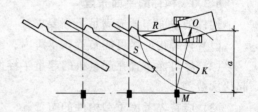
图6-17 绑扎点与基础两点共弧

2）纵向布置

当采用滑行法起吊时，柱可采用纵向布置。

纵向布置时，吊点应靠近杯口，并与杯口中心两点共弧。为减少起重机的停机次数，起重机一次可吊两根柱，其布置形式如图6-18所示。若柱长小于12m，为节约模板和场地，两柱可以叠浇，排成一行（图6-18a）；若柱长大于12m，则可排成两行浇筑（图6-18b）。

（2）屋架的布置

屋架一般在跨内平卧迭浇预制，每叠3~4榀，布置方式有三种（图6-19）：斜向布

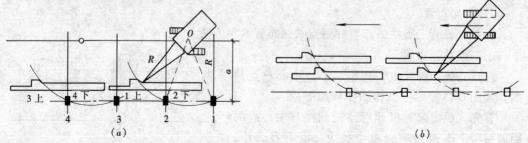
图6-18 柱的纵向布置

置、正反斜向布置、正反纵向布置。斜向布置，因其便于屋架的扶直就位，故应优先选用。只有当场地受限制时，才采用另外两种形式。

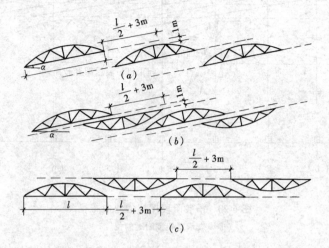

图 6-19 屋架预制时的几种布置形式
(a) 斜向布置；(b) 正、反斜向布置；(c) 正、反纵向布置

屋架的迭放顺序应考虑扶直的先后顺序，先扶直后安装的放在上层。屋架的方向应考虑屋架两端朝向的要求。

(3) 预制吊车梁的布置

根据场地条件可靠近柱基顺纵向轴线布置或插在柱的空档中预制，条件允许，也可在场外预制，随吊随运。

#### 6.3.3.2 吊装阶段构件布置

因为柱预制阶段就是按照吊装要求布置的，因此吊装阶段不必再布置，或者说与预制阶段布置相同。

(1) 屋架布置

屋架吊装阶段有斜向布置和纵向布置两种方法。

1) 斜向布置

斜向布置如图 6-20 所示，其作图步骤为：

第一步：确定起重机吊屋架时的开行路线及停机位置。

在图 6-20 上划出起重机吊屋架时沿跨中的开行路线，然后以拟吊装的某轴线（如②轴线）的屋架中点 $M_2$ 为圆心，以吊屋架的起重半径 $R$ 为半径，画弧与开行路线交于 $O_2$，则 $O_2$ 为吊②轴线屋架的停机点。

第二步：确定屋架就位的范围。

屋架离柱边的净距不小于 200mm，定出屋架就位的外边线 $P-P$。设起重机尾部至回转中心距离为 $A$，考虑在距开行路线 $A\pm0.5$m 范围内均不宜布置屋架或其他构件，划出屋架就位内边线 $Q-Q$。$P-P$、$Q-Q$ 之间为屋架的就位范围。

第三步：确定屋架就位位置。

根据就位范围 $P-P$、$Q-Q$ 划出其中心线 $H-H$。以停机点 $O_2$ 为圆心，以起重半径 $R$ 为半径画弧交 $H-H$ 线于 $G$ 点。再以 $G$ 为圆心，以屋架跨度的一半为半径画弧交 $P-$

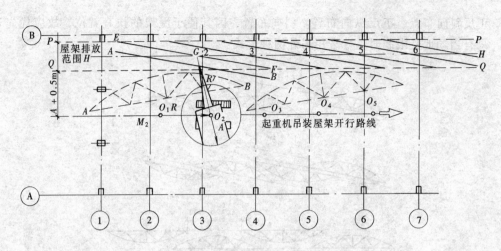

图 6-20 吊装阶段屋架的斜向布置
（虚线表示屋架预制时的位置）

$P$、$Q-Q$ 两线于 $E$、$F$ 两点，连接 $E$、$F$ 即为②轴线屋架的就位位置。其他屋架的就位位置以此类推。

斜向布置由于起吊效率高，故应用较多，但缺点是占地面较大。

2）纵向布置

纵向布置方法如图 6-21 所示，一般以 4~5 榀为一组靠柱边顺轴纵向就位。屋架与柱之间、屋架与屋架之间的净距约 200mm，相互之间用铁丝及支撑拉紧撑牢。屋架组与组之间沿纵轴线方向应留出 3m 左右的通道。为避免在已吊装好的屋架下面去绑扎吊装屋架，并确保屋架吊装时不与已吊装好的屋架碰撞，每一屋架组的中心线应位于该组屋架倒数第二榀吊装轴线之后约 2m 处（图 6-21）。

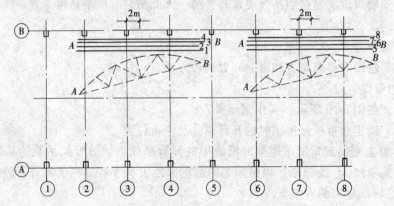

图 6-21 吊装阶段屋架纵向布置

纵向布置方法由于起吊效率低，故一般在场地狭窄时应用。

(2) 吊车梁、联系梁、屋面板的布置

单层工业厂房的吊车梁、联系梁、屋面板构件一般在工厂或附近的预制场制作，然后运至工地吊装。构件运至现场后，应按构件吊装顺序进行编号，并及时就位或集中堆放。堆放时要注意叠层高度，梁式构件叠放常取 2~3 层；大型屋面板不超过 6~8 层。吊车梁、联系梁一般布置在其吊装位置的柱列附近，跨内跨外均可。屋面板的就位位置应根据起重机吊屋面板时的起重半径确定，跨内跨外均可。当在跨内就位时，应向后退 3~4 个节间开始堆放；当在跨外就位时，应向后退 1~2 个节间开始堆放（图 6-22）。有时，也可根据具体条件采取随吊随运的方法。

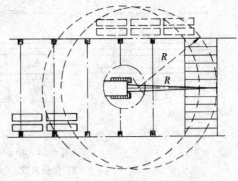

图 6-22 屋面板吊装就位布置图

## 6.4 多层装配式结构的安装

多层装配式结构高度在 18m 以下选用自行杆式起重机；高度在 18m 以上选用塔式起重机。

### 6.4.1 起重机械及构件平面布置

#### 6.4.1.1 起重机械布置

多层装配式结构起重机械多采用跨外布置，如图 6-23 所示，设起重半径为 $R$，建筑物宽度为 $b$，起重机距建筑物外侧距离为 $a$，则当 $R \geqslant b + a$ 时采用跨外单侧布置；当 $R \geqslant b/2 + a$ 时采用跨外双侧布置。在场地非常狭窄时可采用跨内布置，跨内布置分为跨内单行布置和跨内环形布置。

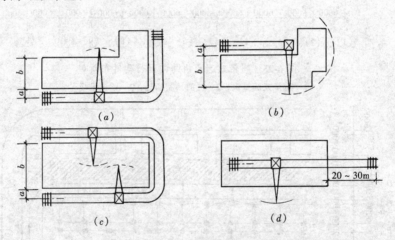

图 6-23 塔式起重机的布置
(a)、(b) 跨外单侧布置；(c) 跨外双侧布置；(d) 跨内单行布置

跨内布置有很多缺点，如只能竖向综合安装，结构稳定性差；构件布置在起重半径之外，需二次倒运；围护结构吊装困难等，因此很少采用。

#### 6.4.1.2 构件平面布置

构件平面布置应满足以下要求：构件尽可能布置在起重半径范围内，避免二次倒运；重型构件靠近起重机布置，中小型构件布置在重型构件外；尽量减少起重机的移动和变幅；叠层构件应按顺序布置，先安装构件放在上部。

多层装配式结构构件平面布置实例，如图 6-24~图 6-27 所示，请参考。

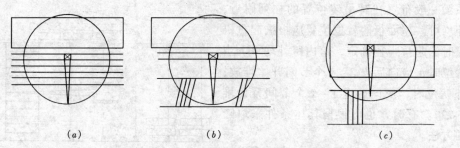

图 6-24 塔式起重机吊装时柱的布置
(a) 平行布置;(b) 斜向布置;(c) 垂直布置

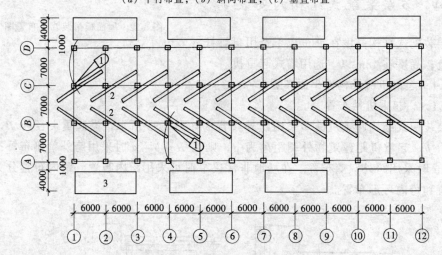

图 6-25 履带式起重机跨内开行构件布置
1—履带式起重机;2—柱的预制场地;3—梁板堆场

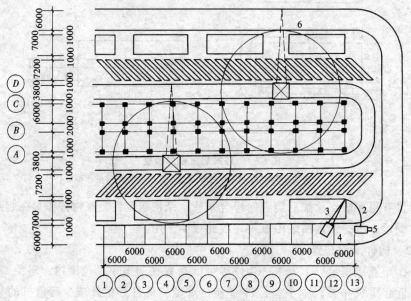

图 6-26 塔式起重机吊装时构件布置
1—塔式起重机;2—柱预制场地;3—梁板堆放场地;4—汽车式起重机;
5—载重汽车;6—临时道路

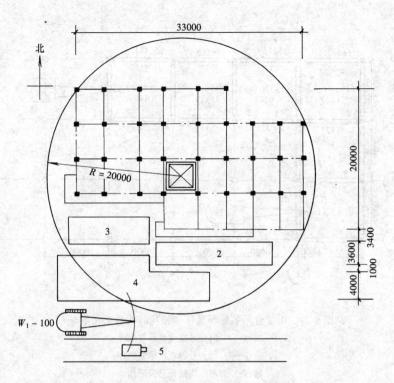

图 6-27 自升式塔式起重机吊装时构件布置
1—自升式塔式起重机；2—梁板堆放区；3—楼板堆放区；4—柱、梁堆放区；5—运输道路

### 6.4.2 结构安装方法及安装顺序

多层装配式结构多采用分件安装法，只有当起重机布置在跨内时才采用综合安装法。装配式结构的构件安装顺序实例如图 6-28、图 6-29 所示。

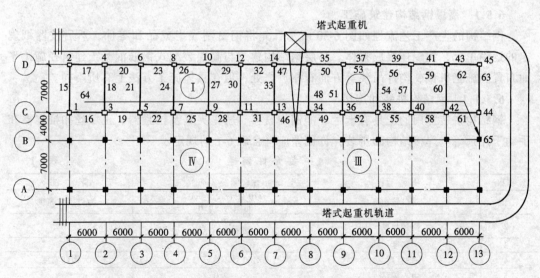

图 6-28 塔式起重机跨外环形，用分层分段流水吊装法吊装梁板
式结构的一个楼层顺序

Ⅰ、Ⅱ、Ⅲ…—吊装段编号；1、2、3…—构件吊装顺序

*111*

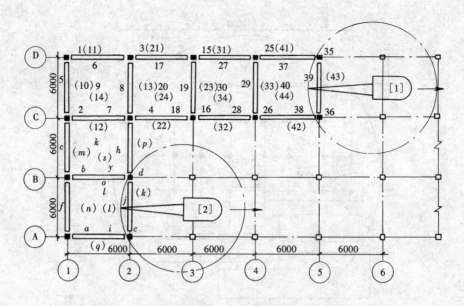

图 6-29 用综合吊装法吊装框架结构时构件的吊装顺序
1、2、3⋯—[1]号起重机吊装顺序；
a、b、c⋯—[2]号起重机吊装顺序；
带（ ）为第二层梁板吊装顺序

## 6.5 钢结构安装

钢结构具有强度高、抗震性能好、便于机械化施工等优点，广泛应用于高层建筑和网架结构中。本节主要讲述高层钢结构和网架结构的施工。

### 6.5.1 高层钢结构建筑施工

钢结构的生产工艺流程如图 6-30 所示，先将钢材制成半成品和零件，然后按图纸规定的运输单元，装配连接成整体。高层钢结构建筑与高层装配式钢筋混凝土建筑在施工平面布置、施工机械、构件吊装等方面有相近之处，但在具体施工方法上有所不同。

#### 6.5.1.1 钢结构拼装和连接

钢结构拼装常用的工具有卡兰、槽钢加紧器、矫正夹具及拉紧器、正反丝扣推撑器和手动千斤顶等。焊接结构的拼装允许偏差应符合表 6-1 的规定。

拼 装 允 许 偏 差　　　　　　表 6-1

| 项次 | 项　目 | 允许偏差（mm） | 备　注 |
|---|---|---|---|
| 1 | 对口错边 | $t$10 且不大于 3.0<br>间隙为 ±1.0 | $t$ 为对接件高度 |
| 2 | 搭接长度 | ±5.0<br>间隙为 1.5 | |
| 3 | 高度 | ±2.0 | |
| 4 | 垂直度 | $b$/100 且不大于 2.0 | $b$ 为构件宽度 |
| 5 | 中心偏移 | ±2.0 | |
| 6 | 型钢错位 | 连接处<br>其他处 | 1.0<br>2.0 |
| 7 | 桁架结构杆件轴线交点偏差 | 3.0 | |

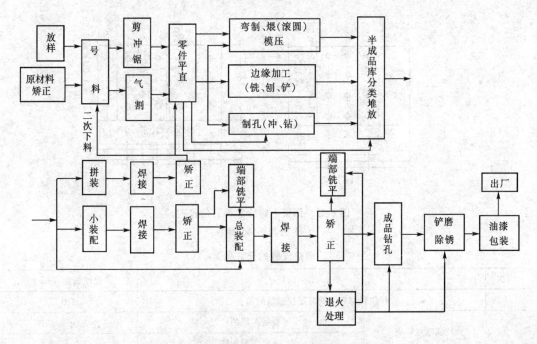

图 6-30 高层钢结构大流水作业法生产工艺流程

钢结构在连接时应保持正确的相互位置，其方法主要有焊接、铆接和螺栓连接（图 6-31、图 6-32）。焊接不削弱杆件截面，节约钢材，易于自动化操作，但对疲劳较敏感，广泛应用于工业及民用建筑钢结构中。对于直接承受动力荷载的结构连接，不宜采用焊接。铆接传力可靠，易于检查，但构造复杂，施工烦琐，主要用于直接承受动力荷载的结构连接。螺栓连接分为普通螺栓连接和高强螺栓连接两种。螺栓连接安装简单，施工方便，在工业与民用建筑钢结构中应用广泛。对于一些需要装拆的结构，采用普通螺栓连接较为方便。

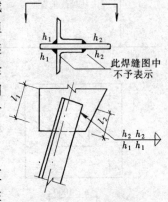

图 6-31 双拼角钢中间有节点板的焊缝标法

#### 6.5.1.2 结构安装与校正

钢结构的安装质量和柱基础的定位轴线、基准标高有直接关系。基础施工必须按设计图纸规定进行，定位轴线、柱基础标高和地脚螺栓位置应满足表 6-2 的要求。

规范规定，在柱基中心表面与钢柱之间预留 50mm 的空隙，作为钢柱安装前的标高调整。为了控制上部结构标高，在柱基表面，利用无收缩砂浆立模浇筑标高块，如图 6-33 所示。标高块顶部埋设 16～20mm 的钢面板。第一节钢柱吊装完成后，应用清水冲洗基础表面，然后支模灌浆。

钢柱在吊装前，应在吊点部位焊吊耳，施工完毕后再割去。钢柱的吊装有双机抬吊和单机抬吊两种方式，如图 6-34 所示。钢柱就位后，应按照先后顺序调整标高、位移和垂直度。为了控制安装误差，应取转角柱作为标准柱，调整其垂直偏差至零。

钢梁吊装前，在上翼缘开孔作为起吊点。对于重量较小的钢梁，可利用多头吊索一次吊装数根。为了减少高空作业，加快吊装速度，也可将梁柱拼装成排架，整体起吊。

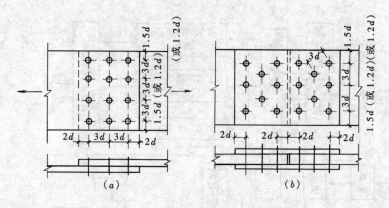

图 6-32 钢板上螺栓和铆钉的排列
(a) 并列；(b) 错列

钢柱安装的允许偏差  表 6-2

| 项次 | 项目 | | | 允许偏差（mm） |
|---|---|---|---|---|
| 1 | 柱角底座中心线对定位轴线的偏移 | | | 5.0 |
| 2 | 柱基准点标高 | 有吊车梁的柱 | | +3.0；-5.0 |
|  |  | 无吊车梁的柱 | | +5.0；-8.0 |
| 3 | 挠曲矢高 | | | $H/1000$；15.0 |
| 4 | 柱轴线垂直度 | 单层柱 | 柱高小于10m | 10.0 |
|  |  |  | 柱高大于10m | $H/1000$；25.0 |
|  |  | 多节柱 | 底层柱 | 10.0 |
|  |  |  | 柱全高 | 35.0 |

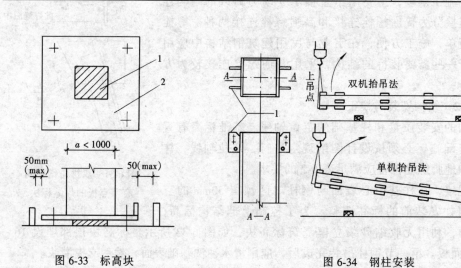

图 6-33 标高块
1—标高块；2—钢面板

图 6-34 钢柱安装
1—吊耳；2—垫木

### 6.5.2 钢网架结构吊装施工

工程上常用的钢网架吊装方法有高空拼装法、整体安装法和高空滑移法三种。

#### 6.5.2.1 高空拼装法

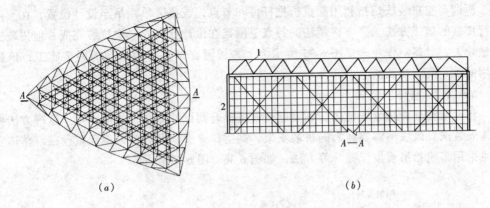

图 6-35 上海银河宾馆多功能大厅
(a) 平面图；(b) 剖面图
1—网架；2—拼装支架

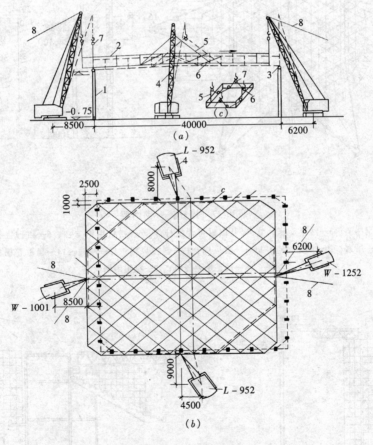

图 6-36 多机抬吊钢网架
(a) 立面图；(b) 平面图；(c) 吊点空间布置
1—柱子；2—网架；3—弧形铰支座；4—起重机；
5—吊索；6—吊点；7—滑轮；8—缆风绳

所谓高空拼装法是指利用起重机把杆件和节点，或拼装单元吊至设计位置，在支架上进行拼装的施工方法。高空拼装法的特点是网架在设计标高处一次拼装完成，但拼装支架用量较大，且高空作业多。图 6-35 所示为上海银河宾馆多功能大厅的网架施工，该施工采用的就是高空拼装法。

#### 6.5.2.2 整体安装法

将网架在地面拼装成整体，利用起重设备提升到设计标高，加以固定，这种方法称为整体安装法。该法不需要高大的拼装支架，高空作业少，但需要大型起重设备。整体安装法可采用多机抬吊或拔杆提升等方法，如图 6-36、图 6-37 所示。

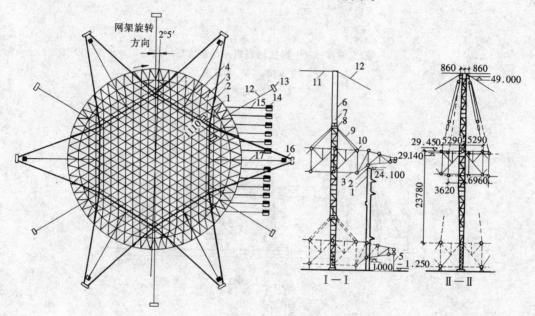

图 6-37 拔杆提升钢网架

1—柱子；2—钢网架；3—网架支座；4—提升以后再焊的杆件；5—拼桩用钢支柱；6—独脚拔杆；7—滑轮组；8—铁扁担；9—吊索；10—网架吊点；11—平揽风绳；12—斜揽风绳；13—地锚；14—起重卷扬机；15—起重钢丝绳；16—校正用卷扬机；17—校正用钢丝绳

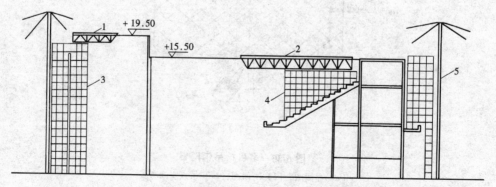

图 6-38 网架高空滑移法施工示意图

1—舞台网架；2—观众厅网架；3—舞台网架拼装平台；4—观众厅网架拼装平台；5—龙门架

#### 6.5.2.3 高空滑移法

高空滑移法是指将网架在拼装处拼装,利用牵引设备向前滑移至设计处,如此逐段拼装直至完毕。与高空拼装法相比,高空滑移法拼装平台小,高空作业少,拼装质量易于保证,是近些年来采用逐渐增多的施工方法。如图 6-38 所示为一影剧院网架屋盖的高空滑移施工示意图。

## 思 考 题 与 习 题

6-1 脚手架搭设时,要满足哪些要求?

6-2 脚手架有哪些类型?它们的特点和使用范围是什么?

6-3 材料运输所使用的设备有哪些?如何确定运输方案?

6-4 试述砖混结构的施工顺序。

6-5 现浇混凝土结构常用的运输方案有哪些?

6-6 阐述多层钢筋混凝土框架结构浇筑的原则和顺序。

6-7 起重机开行路线与构件平面布置和就位平面布置有什么关系?

6-8 工程上常用的钢网架吊装方法有哪些?各有什么特点?

6-9 简述高层钢结构柱的吊装施工工艺。

6-10 某跨度为 18m 的单层工业厂房,柱距 6m,履带式起重机尾部的回转半径为 3.3m。吊装屋架时起重半径为 9m,试确定屋架斜向就位图。吊装屋面板时,起重半径为 14m,绘出屋面板跨外就位图。要求给出作图步骤。

# 7 桥梁结构施工

## 7.1 桥梁结构施工方法分类

桥梁结构施工包括桥梁基础施工、桥梁墩台施工及桥梁上部结构施工。

### 7.1.1 桥梁基础施工

桥梁基础工程分为扩大基础、桩基础、沉井基础和组合基础等。由于桥梁基础工程位于地面以下或水中，涉及面非常广，施工难度大，无法采用统一模式。从桥梁所处的水文、地质状况来看，其施工方法大致分为：干地施工和水域施工两大类，详见第2章。

### 7.1.2 桥梁墩台施工

桥梁墩台施工是桥梁施工中的一个重要部分，其施工方法一般分为两类：一类是就地浇筑与石砌；另一类是拼装预制混凝土砌块、钢筋混凝土与预应力混凝土构件。在实际工程中，前者应用较多。

### 7.1.3 桥梁上部结构施工

桥梁上部结构施工方法很难用一个统一的标准分类，针对不同的桥梁类型，常用的施工方法包括就地浇筑法、预制安装法、逐孔施工法、悬臂施工法、顶推施工法、缆索吊装法、转体施工法等。

就地浇筑法：一般仅在小跨径桥或交通不便的边远地区，没有先进施工设备时采用。

预制安装法主要应用于装配式简支梁桥的施工。

悬臂施工法主要用于修建预应力T形刚构桥、预应力混凝土悬臂梁桥、连续梁桥、斜腿刚构桥、桁架桥、拱桥及斜拉桥等，悬臂施工法通常又可分为悬臂浇筑和悬臂拼装。

转体法主要应用于单孔或三孔大跨径拱桥。

顶推法和逐孔施工法是预应力混凝土连续梁桥常用的施工方法，适用于中等跨径、等截面桥梁。

缆索吊装法主要应用于装配式拱桥的施工，在就地浇筑拱桥的拱架和劲性骨架及钢管混凝土拱桥的钢管拱肋吊装中也经常采用。

桥梁结构是个整体，其施工非常复杂，不仅要考虑具体工艺还要考虑施工顺序，且不同的桥型，施工方法不同，因此，在实际施工时，要根据具体的施工条件、自然环境状况和社会环境影响等，确定桥梁的施工方法。

## 7.2 简支梁桥安装

简支梁桥的安装应在充分保证施工速度和施工安全的前提下，结合桥跨大小、施工现场的实际条件、施工设备的能力等具体情况来合理选择架梁的方法。

简支梁桥的架设，包括起吊、纵移、横移、落梁等工序。根据架设工作面的不同，简支梁桥施工方法分为陆地架设法、浮吊架设法和高空架设法等。

### 7.2.1 陆地架设法

#### 7.2.1.1 自行式吊车安装

此法主要用于桥不太高、梁的跨径不大、有足够的场地可设置行车便道的情况下（图7-1a）。一般陆地桥梁和城市高架桥预制梁安装常采用自行式吊车安装。根据吊装重量不同，可采用单吊或双吊两种。

#### 7.2.1.2 跨墩龙门式吊车安装

跨墩龙门式吊车安装主要适用于岸上和浅水区域安装预制梁。对于桥孔较多、桥不太高时，可以采用一台或两台龙门式吊车来安装（图7-1b）。该方法需铺设吊车行走轨道，并在其内侧铺设运梁轨道。梁运到施工现场后，用龙门式吊车进行起吊、横移，将其安装在预定位置。一孔架完后，向前移动吊车，再架设下一孔，直到全部架完。

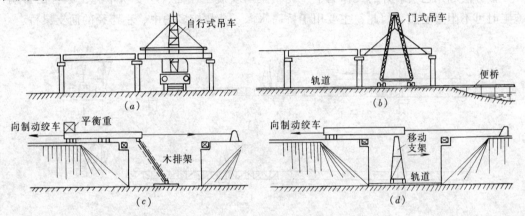

图 7-1 陆地架设法

#### 7.2.1.3 摆动排架架设法

摆动排架架设法（图7-1c）适用于小跨径桥梁。用排架（木制的或钢制的）作为受力的摆动支点，摆动速度主要由牵引绞车和制动绞车来控制。当预制梁安装就位后，用千斤顶落梁。

#### 7.2.1.4 移动支架架设法

移动支架架设法（图7-1d）主要用于高度不大的中、小跨径桥梁，采用移动支架来架梁。移动支架带着梁随牵引车沿轨道前进，当梁安装就位后，用千斤顶落梁。

### 7.2.2 浮吊架设法

此法主要用于在海上或水深河道上架桥（图7-2）。这种架梁方法的优点是吊车的吊装能力较大，施工较安全，工作效率高，缺点是需要大型浮吊。另外，浮吊架梁时需在岸边设置临时码头来移运预制梁，架设时要锚固牢靠。

### 7.2.3 高空架设法

联合架桥机架设法是高空架设法的一种。如图7-3所示，联合架桥机的构造主要由三部分组成：钢导梁、门式吊车和托架（又称蝴蝶架）。在架梁前，首先要安装钢导梁，导梁顶面铺设供平车和托架行走的轨道。预制梁由平车运至跨径上，用龙门架吊起将其横移

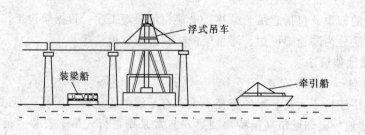

图 7-2 浮吊架设法

降落就位（图 7-3a）。当一孔内所有梁架好以后，将龙门架骑在蝴蝶架上，松开蝴蝶架，蝴蝶架挑着龙门架，沿导梁轨道，移至下一墩台上去（见图 7-3b）。如此循环下去，直至全部架完。

　　该方法利用已安装好的梁作为下一孔桥梁的安装工作面，不受桥下施工条件的影响，施工时可不阻塞通航，因此，主要用于桥高水深、孔数较多的中、小跨径的简支梁桥。

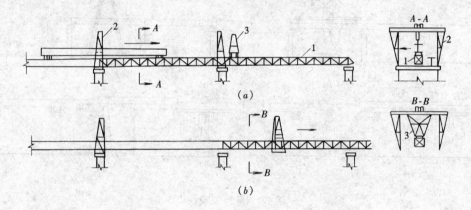

图 7-3 联合架桥机架梁
1—钢导梁；2—门式吊车；3—托架（运送门式吊车用）

## 7.3 逐孔法施工

　　逐孔施工法主要适用于建造中等跨径桥梁。它从桥梁的一端开始，使用一套设备逐孔施工，周期循环，直到全部完成。逐孔施工法从施工技术方面可以分为用临时支承组拼预制节段逐孔施工、使用移动支架逐孔现浇施工（移动模架法）、整孔吊装或分段吊装的逐孔施工。

　　逐孔施工法的机械化、自动化程度很高，且能节省劳力，降低劳动强度，由于上、下部结构可以平行作业，缩短了工期。另外，该方法不用在地面设置支架，对通航和桥下交通影响小，施工较安全。

　　移动模架法是逐孔施工法中应用较多的一种，主要用于建造孔数多、桥跨较长、桥墩较高及桥下净空受到约束的桥梁。支架分为落地式和梁式，如图 7-4 所示。

## 7.4 悬臂法施工

悬臂施工法是从桥墩开始，两侧对称现浇梁段或将预制节段对称进行拼装。前者为悬臂浇筑施工，后者为悬臂拼装施工。

悬臂施工法利用了预应力混凝土悬臂结构承受负弯矩能力强的特点，将施工时跨中正弯矩转移为支座处的负弯矩，大大提高了桥梁的跨越能力。而且悬臂施工法可不用或少用支架，施工对通航或桥下交通没有影响。因此，悬臂施工法主要应用于建造跨径比较大的预应力混凝土悬臂梁桥、连续梁桥、斜拉桥和拱桥等。

悬臂浇筑法和悬臂拼装法各有特点，悬臂浇筑法能保证结构的整体性，施工较为简便。悬臂拼装法可使桥梁上、下部结构平行作业，施工速度快。施工时，可根据具体条件酌情选用。

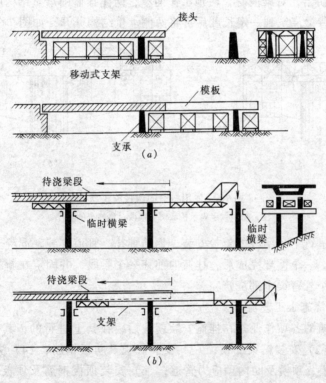

图 7-4 使用移动支架逐孔现浇施工
(a) 落地式支架；(b) 梁式支架

### 7.4.1 悬臂浇筑施工

悬臂浇筑法是在桥墩两侧设置工作平台，利用挂篮在墩柱两侧对称平衡地逐段向跨中悬臂浇筑混凝土梁体，并逐段施加预应力。

#### 7.4.1.1 施工挂篮

挂篮是悬臂浇筑施工的主要工艺设备，它是一个能沿轨道行走的活动脚手架，悬挂在已经张拉锚固的箱梁梁段上。挂篮质量与梁段混凝土的质量比值宜控制在 0.3~0.5 之间，特殊情况下也不应超过 0.7。挂篮的主要组成部分有承重系统、悬吊系统、锚固系统、行走系统、模板与支架系统。图7-5所示为一挂篮结构简图。

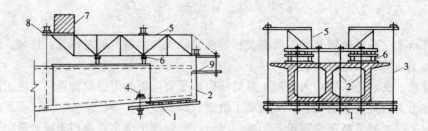

图7-5 挂篮结构简图
1—底模板；2、3、4—悬吊系统；5—承重结构；6—行走系统；
7—平衡重；8—锚固系统；9—工作平台

用挂篮浇筑初始几对梁段时，墩顶工作面窄，两侧挂篮的承重结构应连在一起，如图7-6（a）所示。待梁浇筑到一定长度后再将两侧承重结构分开，如图7-6（b）所示。

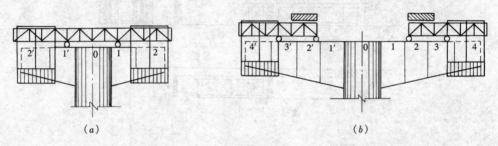

图7-6 使用挂篮的两种施工状态
注：图中数字表示桥墩两侧梁段对称施工的顺序。

在挂篮上可进行下一梁段的模板安装、钢筋绑扎、管道安装、混凝土浇筑和预应力张拉、灌浆等工作。一个循环完成后，挂篮向前移一个梁段，并固定在新的梁段位置上。不断循环一直到整个悬臂梁全部浇筑完。

#### 7.4.1.2 悬浇施工工艺流程

梁段悬臂浇筑的各项作业是在挂篮安装就位后，在其上进行的，其工艺流程为：（1）挂篮前移就位；（2）安装箱梁底模；（3）安装底板及肋板钢筋；（4）浇底板混凝土及养护；（5）安装肋模、顶模及肋内预应力管道；（6）安装顶板钢筋及顶板预应力管道；（7）浇筑肋板及顶板混凝土；（8）检查并清洁预应力管道；（9）混凝土养生；（10）拆除模板；（11）穿钢丝束；（12）张拉预应力钢束；（13）管道灌浆。

### 7.4.2 悬臂拼装施工

悬臂拼装法施工是用活动吊机将预制好的梁段吊起，接着向墩柱两侧对称均衡地拼装就位，然后进行张拉锚固，再逐段地拼装下一梁段。如此反复，直至全部块件拼装完。

悬臂拼装施工包括块件预制、运输和拼装及合拢段施工。

#### 7.4.2.1 块件预制

块件应在台座上连续啮合预制，一般是在工厂或桥位附近将梁体沿轴线划分成适当长度的块件，然后进行预制。预制块件之间要密贴，通常采用间隔浇筑法来预制块件，让先浇好的块件的端面作为后浇筑块件的端模，如图 7-7 所示（图中数字表示浇筑次序）。另外，必须在先浇块件端面涂刷隔离剂（薄膜、皂类、废机油等），使块件出坑时易分离。

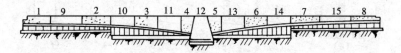

图 7-7 块件预制

#### 7.4.2.2 块件的运输与拼装

（1）块件的运输

块件出坑后，一般先存放于存梁场，拼装时块件由存梁场运至施工地点。存梁场场地应平整，承载力应满足要求。块件的运输方式分为场内运输、块件装船和浮运。当存梁场位于岸边时，可用浮吊直接从存梁场将块件吊放到运梁驳船上浮运。块件装船应在专用码头上进行，采用装船吊机装船。装船浮运，应设法降低浮运重心，并以缆索将块件系牢固。

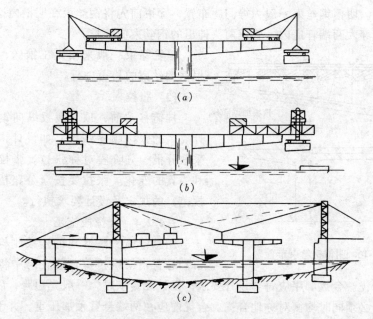

图 7-8 高空悬臂拼装

（2）块件的拼装

块件的拼装根据施工现场的实际情况采用不同的方法。常用的方法有自行式吊车拼装、门式吊车拼装、水上浮吊拼装、高空悬拼等。

图 7-8（a）是用沿轨道移动的伸臂吊机进行悬拼的示意图。图 7-8（b）是用拼拆式活动吊机进行悬拼的示意图。图 7-8（c）是用缆索起重机吊运和拼装块件的示意图。

悬拼过程中的接缝形式有湿接缝、干接缝、半干接缝和胶接缝等几种（图 7-9）。图 7-9（a）为湿接缝，块件的拼装位置易调整，接头的整体性好。图 7-9（b）为干接缝，易渗水，目前很少采用。图 7-9（c）为半干接缝，便于调整悬臂的位置。图 7-9（d）、（e）、（f）为胶接缝，胶粘剂一般采用环氧树脂，涂胶前应将混凝土表面烘干，胶缝加压被挤出的胶粘料应及时刮干净。此法在悬臂拼装中应用最广。

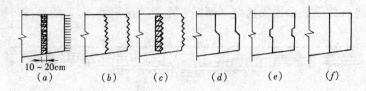

图 7-9 块件的接缝形式

#### 7.4.2.3 穿束与张拉

(1) 穿束

预应力钢丝多集中于顶板，而且对称于桥墩，因此，预应力钢筋要按照一对对称于桥墩的预应力钢丝并考虑锚固长度来下料。

穿束有明槽穿束和暗管穿束两种。

明槽穿束难度相对较小。预应力钢丝束锚固在顶板加厚部分，在此部分预留有管道，如图 7-10 所示。穿束前应检查锚垫板和孔道，锚垫板应位置准确，孔道内应畅通、没有水和其他杂物。明槽钢丝束一般为等间距布置，穿束前先将钢丝束在明槽内摆平，之后再分别将钢丝束穿入两端管道内。管道两头伸出的钢丝束应等长。

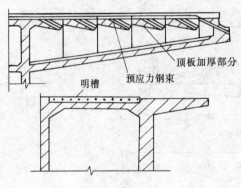

图 7-10 明槽钢丝束布置

暗管穿束一般采用人工推送，实际操作应根据钢丝束的长短进行。

(2) 张拉

挂篮移动前，顶、腹板纵向钢丝束应按设计要求的张拉顺序张拉。如设计未作规定，可采取分批、分阶段对称张拉。张拉时注意梁体和锚具的变化。张拉要按《公路桥涵施工技术规范》的规定及设计要求执行。

#### 7.4.2.4 合拢段施工

用悬臂施工法修建的连续刚构桥、连续梁桥和悬臂桁架拱桥等，需在跨中将悬臂端刚性连接、整体合拢。合拢顺序应符合设计要求，设计无要求时，一般先边跨，后中跨。多跨一次合拢时，必须同时均衡对称地合拢。合拢前应在两端悬臂预加压重，并于浇筑混凝土过程中逐步撤除，使悬臂挠度保持稳定。合拢段的混凝土强度等级可提高一级，以尽早张拉。合拢段混凝土浇筑完后，应加强养护，悬臂端应覆盖，防止日晒。

合拢段也可采用挂梁连接，施工方法与简支梁安装相同。

## 7.5 顶推法施工

### 7.5.1 概述

顶推法是在桥头逐段浇筑或拼装梁体，在梁前端安装导梁，用千斤顶纵向顶推，使梁体通过各墩顶的临时滑动支座就位的施工方法。顶推法施工具有不使用脚手架、不中断现有交通、施工费用低等优点，适用于中等跨径的连续梁桥。

### 7.5.2 顶推装置与顶推工艺

顶推法施工中采用的主要装置是千斤顶、滑板和滑道。根据传力方式的不同,顶推装置分为推头式和拉杆式两种。推头式顶推装置的顶推方法如图 7-11 所示。先用竖向千斤顶将梁顶起,然后用水平千斤顶推动竖顶,将梁向前推动。推完一个行程,降下竖顶,水平千斤顶回油复位,如此循环,将梁不断向前推进。图 7-11(a)用于桥台处的顶推。图 7-11(b)可用于梁中各点的顶推。

拉杆式顶推装置的布置如图 7-12 所示。传力架固定到桥墩上,穿心式千斤顶固定到传力架上,拉杆一端锚固在千斤顶活塞顶端。拉杆尾部若干点同时与梁体通过锚固器相连接。这样随着千斤顶活塞的顶出,梁体被拉动,并向前滑移。拉杆的接长用连接器;为了增强锚固器和千斤顶的锚固力,减

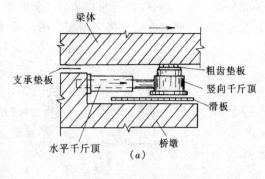

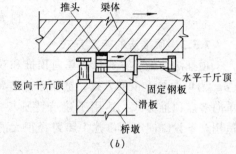

图 7-11 推头式顶推装置

少拉杆根数,可使用高强度螺纹钢筋作拉杆;为减少摩擦力,梁体与桥墩之间设置滑板;锚固器通过箱梁外侧的预埋钢板固定在箱梁上;为了拆装方便,拉锚座常制成插销式活动装置。

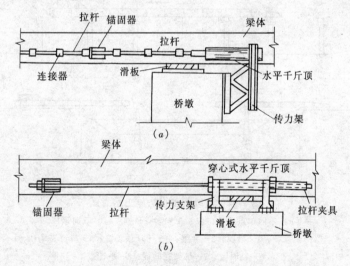

图 7-12 拉杆式顶推装置
(a)普通水平千斤顶顶推装置;(b)穿心式千斤顶顶推装置

顶推法常用的滑道装置如图 7-13 所示,它包括墩顶处混凝土滑台、铬钢板和滑板三部分。滑板由四氟板和橡胶板组成。图 7-13(a)所示构造需借助竖顶完成顶推工作,当滑板滑至另一侧时竖顶将梁顶起,将滑板重新放到原来位置,再将竖顶回油复位,进行新

一轮顶推。图7-13（b）所示构造省去竖顶的操作，顶推时，四氟板在铬钢板上滑动，并在前方滑下，同时在后方喂入滑板，带动梁体前移。

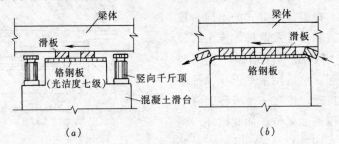

图 7-13 滑道构造

### 7.5.3 顶推法的施工方式

顶推法的施工方式包括单向顶推和双向顶推以及单点顶推和多点顶推等多种。图7-14（a）为单向单点顶推方式，适用于建造跨度为40～60m的多跨连续梁桥。图7-14（b）为单向多点顶推方式，适用于建造特别长的多联多跨桥梁。图7-14（c）为双向顶推方式。适用于不设临时墩而修建中跨跨径很大的连续梁桥。

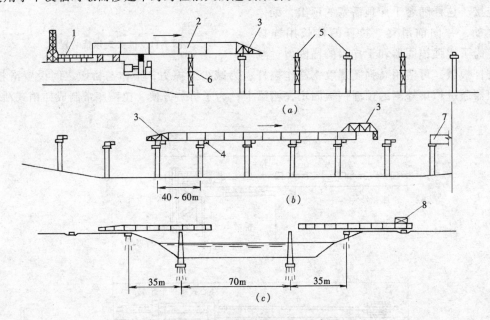

图 7-14 连续梁顶推法施工示意图
（a）单向单点顶推；（b）单向多点顶推；（c）双向顶推
1—制梁场；2—梁段；3—导梁；4—千斤顶装置；5—滑道支承；
6—临时墩；7—已架完的梁；8—平衡重

## 7.6 现浇拱桥施工

拱桥是应用较广的一种桥梁体系。由结构力学可知，当拱轴线设计为合理拱轴线时，在竖向荷载作用下，拱结构主要承受轴向压力，故可利用抗压性能好而抗拉性能差的材料

（如砖、石、混凝土等）来建造。而且拱桥外形美观、维修费用不高，因此应用广泛。

拱桥的施工可分为有支架施工和无支架施工两大类。前者常用于石拱桥和混凝土预制块拱桥；后者多用于肋拱、双曲拱、箱形拱、桁架拱桥等。有支架和无支架施工有很大区别，因为无支架施工拱轴线不容易保证，施工时必须进行加载程序设计（见7.7.2节）。拱桥施工的主要施工工序有：材料的准备、拱圈放样、拱架制作与安装、拱圈及拱上建筑的砌筑或浇筑等。

### 7.6.1 拱架的形式和构造

拱架按所用材料可分为木拱架、钢拱架、竹拱架、竹木拱架及"土牛拱胎"等形式。目前在修建中、小跨径的拱桥时，木拱架仍应用很多。木拱架构造形式可分为满布式拱架、拱式拱架及混合式拱架等几种。

满布式拱架主要由拱架上部（拱盔）、卸架设备、拱架下部（支架）三个部分组成，其常用的形式有：立柱式和撑架式。

立柱式拱架构造和制作都很简单，但需要立柱较多，一般用于高度和跨度都不大的拱桥。

撑架式拱架（图7-15）是将立柱式拱架加以改进，用支架加斜撑来代替较多的立柱，由于它在一定程度上满足了通航的需要，因此实际工程中采用较多。

拱架应满足强度、刚度和稳定性的要求，节点部位至关重要。杆件在竖直与水平面内，要用交叉杆件联结牢固，以保证稳定。节点连接应采取可靠措施以保证支架稳定。图7-16是满布式拱架常用节点构造的一种形式。

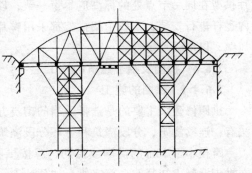

图7-15 撑架式拱架的形式

### 7.6.2 拱架预拱度的设置

拱架预拱度是指为抵消拱架在施工荷载作用下产生的位移（挠度），而在拱架施工或制作时预留的与位移方向相反的校正量。在确定施工拱度时，应考虑：拱架承受施工荷载引起的弹性变形；超静定结构由于混凝土收缩、徐变及温度变化而引起的挠度；墩台水平位移引起的拱圈挠度；由结构重力引起的拱圈弹性挠度等。

拱顶预留的总预拱度可根据各种下沉量求得。施工时根据计算值，结合实践经验进行适当调整。一般情况下，可根据《公路桥涵施工技术规范》的规定，拱顶预留拱度按 $l/800 \sim l/400$ 估算（$l$ 为拱圈跨径）。当算出拱顶预拱度后，其余各点的预加高度可近似地按二次抛物线分配（图7-17$a$）。

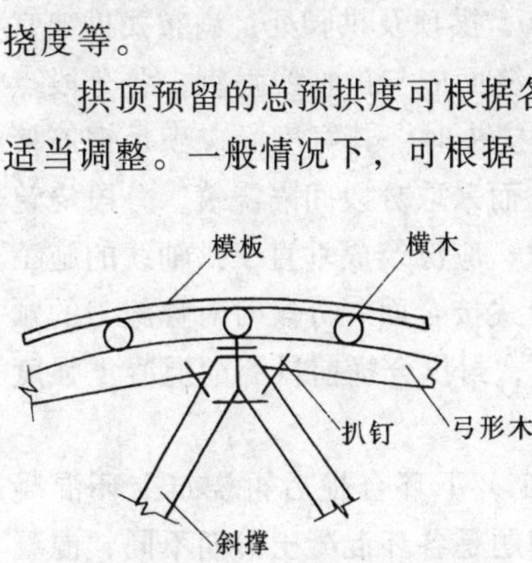

对于无支架或早期脱架施工的悬链线拱（悬链线作拱轴线），应采用降低拱轴系数（拱轴系数为拱脚恒荷载与拱顶恒荷载之比）的方法来设置预拱度，如图7-17（$b$）所示，在拱顶预加正值预拱度，在跨度的1/8处预留负值。施工过程中拱圈产生"M"形变形后，正好与

图7-16 满布式拱架的节点构造

设计拱轴线相符。

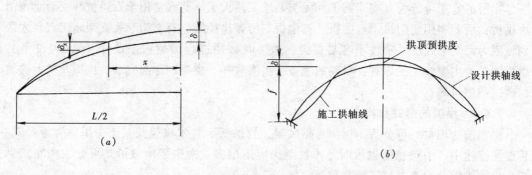

图 7-17 拱架预留拱度的分配形式

#### 7.6.3 拱架的制作与安装

拱架宜采用标准化、系列化、通用化的构件拼装。无论使用何种材料的拱架，均应进行施工图设计，并验算其强度和稳定性。制作木拱架时，长杆件接头应尽量减少，两相邻立柱的连接接头应尽量分设在不同的水平面上。安装拱架前，对拱架立柱和拱架支承面应详细检查，准确调整拱架支承面和顶部标高，并复测跨度，确认无误后方可进行安装。各片拱架在同一节点处的标高应尽量一致，以便于拼装平联杆件。满布式拱架一般是在桥孔内逐杆进行安装，三铰桁架拱架都采用整片吊装的方法安装。在风力较大的地区，应设置风缆，以增强稳定性。

#### 7.6.4 拱圈及拱上建筑的施工

##### 7.6.4.1 拱圈的施工

拱圈修建最主要的是选择适当的砌筑方法和顺序。根据桥梁跨径大小，常用的施工方法有：连续浇筑、分段浇筑和分环分段浇筑。

跨径小于 16m 的拱圈或拱肋，应按拱圈全宽，由两端拱脚向拱顶对称连续浇筑，并在拱脚混凝土初凝前全部完成。如预计不能在限定时间内完成，则应在拱脚预留一个隔缝并最后浇筑隔缝混凝土。

跨度大于 16m 的拱圈或拱肋，采用连续浇筑，可能会因为拱架下沉而使先浇混凝土开裂。这时可采取沿拱跨方向分段浇筑。分段的位置应以能使拱架受力对称、均匀和变形小为原则，拱式拱架宜设置在拱架受力反弯点、拱架节点、拱顶及拱脚处；满布式拱架宜设置在拱顶、$L/4$ 部位、拱脚及拱架节点等处。各段的接缝面应与拱轴线垂直，各分段点应预留间隔槽，其宽度一般为 0.5～1.0m，但安排有钢筋接头时，其宽度尚应满足钢筋接头的需要。如预计拱架变形较小，可减少或不设间隔槽，而采取分段间隔浇筑。分段浇筑时，各分段内的混凝土应一次连续浇筑完毕，因故中断时，应浇筑成垂直于拱轴线的施工缝；如已浇筑成斜面，应凿成垂直于拱轴线的平面或台阶式接合面。分段时对称施工的顺序一般如图 7-18 所示。拱顶处封拱合拢温度宜为 5～15℃，封拱合拢前拱圈的混凝土强度应达到设计强度。

浇筑大跨径拱圈（拱肋）混凝土时，宜采用分环施工，下环合拢后再浇筑上环混凝土，浇筑时间较长，但可以减轻拱架负荷。分环浇筑的问题是各环混凝土龄期不同，混凝土的收缩和温差影响在环间产生剪力，形成环间裂缝，因此分环浇筑程序、养护时间必须

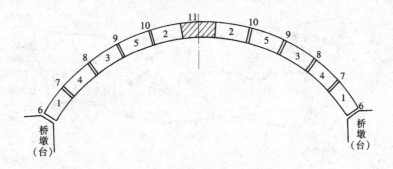

图 7-18 拱圈分段施工的一般顺序
注：图中数字表示拱圈施工顺序

符合设计要求。有时也采用分环又分段的浇筑方法，上、下环之间的间隔槽要互相对应。这种方法由于分段间隔，拱架要承受拱圈全部自重，好处只是减少了每次混凝土的浇筑量。

#### 7.6.4.2 拱上建筑的施工

在拱圈合拢及混凝土或砂浆达到设计强度的 30% 后即可进行拱上建筑的施工。对于石拱桥，一般不少于合拢后 3d。

空腹式拱上建筑一般是砌完腹孔墩后即卸落拱架，然后再对称均衡地砌筑腹拱圈、侧墙。实腹式拱上建筑应由拱脚向拱顶对称地砌筑，砌完侧墙后，再填筑拱腹填料及修建桥面结构等。

## 7.7 缆索吊机安装拱桥

缆索吊装施工方法是我国大跨度拱无支架施工的主要方法，利用支承在索塔上的缆索运输和安装桥梁构件。

拱桥缆索吊装施工包括：拱肋（箱）的预制、移运和吊装，主拱圈的砌筑，拱上建筑的砌筑，桥面结构的施工等主要工序。它除了拱圈吊装和移运之外其他工序与有支架拱桥施工方法相类似。

### 7.7.1 吊装设备及其布置形式

缆索吊装设备，按其用途和作用可以分为：主索、工作索、塔架和锚固装置等四个基本组成部分。其中主要机具设备包括主索、起重索、牵引索、结索、扣索、浪风索、塔架（包括索鞍）、地锚（地垄）、滑轮、电动卷扬机或手摇绞车等。其布置形式如图 7-19 所示。

构件一般在桥头岸边预制和预拼后，送至施工场地进行安装。吊装应从一桥孔的两端向中间对称进行。在最后一节构件就位后，将各接头位置调整到规定标高，放松吊索将各段合拢。

### 7.7.2 施工加载程序设计

对于采用无支架或早脱架方法建成的拱肋（裸肋）上，进行以后各工序施工时，施工荷载由刚建成的拱肋承担（支架已拆除或没有支架）。不合理安排后续工序，会使拱顶及

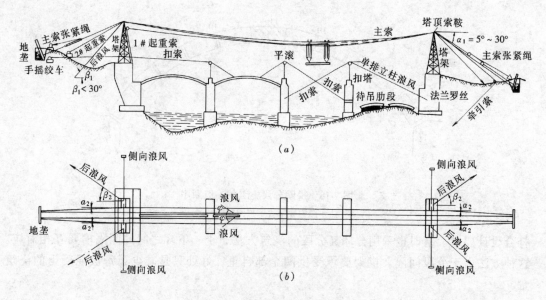

图 7-19 缆索吊装设备及其布置型式
(a) 立面；(b) 平面

拱脚压重不恰当，施工加载不平衡，导致拱轴线变形不均匀，严重时会导致塌桥。因此，必须事先对施工步骤、顺序进行设计。这一工作习惯上称为施工加载程序设计。

中、小跨径拱桥，拱肋的截面尺寸在一定范围内，可不做施工加载程序设计，按有支架施工方法对拱上结构做对称、均衡的施工。

大、中跨径的箱形拱桥或双曲拱桥，一般按分环分段、均衡对称加载的原则进行设计。先在拱的两个半跨上，分成若干段，然后在相应部位同时进行相等数量的施工加载。对于坡拱桥，应使低拱脚半跨的加载量稍大于高拱脚半跨的加载量。

多孔拱桥的两个邻孔之间，要求均衡加载。两孔的施工进度不能相差太远，否则桥墩会承受过大的单向推力而产生很大位移，导致施工进度快的一孔的拱顶向下沉，而邻孔的拱顶向上升，严重时会使拱圈开裂。

施工加载程序设计的一个重要内容是计算每道工序施工时拱圈各计算截面的挠度值，以便施工过程中控制拱轴线的变形情况。施工过程中，对比实测挠度与计算挠度，发现问题及时调整。

施工加载程序设计比较复杂，可参考桥梁施工设计手册和相关施工技术规范。

## 7.8 转体法施工

转体法施工是 20 世纪 50 年代以后发展起来的新工艺，具有机具设备简单、材料节省、施工期间不受洪水威胁又不影响通航等优点。该法是利用河岸地形预制两个半孔桥跨结构，在岸墩或桥台上旋转就位、跨中合拢的施工方法。转体施工一般只适用于单孔或三孔的桥梁。

转体施工按桥体在空间转动的方向可分为竖向转体施工法和平面转体施工法。

竖向转体施工主要用于转体重量不大的各式混凝土拱桥或某些桥梁预制部件（塔、斜腿、劲性骨架）。其基本原理是：将桥体从跨中分成两个半跨，在桥轴方向上的河床预制，岸端设铰，桥台或台后设临时塔架作支承提升系统，通过卷扬机回收提升牵引绳，将桥体竖转至合拢位置，浇筑合拢段混凝土，将转铰点封固，完成竖转施工。

平面转体施工主要适用于刚构梁式桥、斜拉桥、钢筋混凝土拱桥及钢管拱桥。其基本原理是：将桥体从跨中分成两个半跨，在桥梁墩（台）处设置转盘，将待转桥体的部分或全部置于转盘之上，沿岸边预制，通过张拉锚扣体系实现桥体与支架的脱离并平衡桥体重量，通过动力装置（卷扬机、千斤顶等）牵引转盘，将桥体平转至合拢位置，浇筑合拢段接头混凝土，封固转盘，完成平转施工。

这里介绍平面转体法施工。平面转体施工按有无平衡重又分为有平衡重平面转体施工法和无平衡重平面转体施工法。

### 7.8.1 有平衡重平转施工

目前，国内有平衡重平面转体施工使用的转体装置主要有两种：一种是环道平面承重转体，见图7-20（a）；另一种是轴心承重转体，见图7-20（b）。

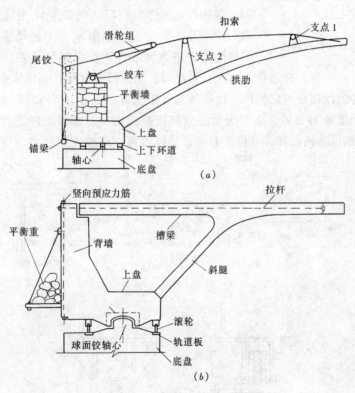

图 7-20 转动体系的一般构造

#### 7.8.1.1 转动体系的构造

转动体系主要包括底盘、上盘、背墙、桥体上部构造、拉杆（或拉索）等几部分，如图7-20所示。底盘和上盘属于桥台基础的一部分，底盘和上盘之间为可灵活转动的转体装置。背墙是桥台的前墙，拉杆是拱桥的上弦杆或是扣索钢丝绳。

（1）四氟板环道

四氟板环道是一种平面承重转体装置，它主要由轴心和环形滑道组成。其中，图7-21（a）

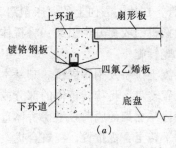

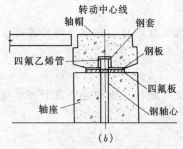

图 7-21 四氟板环道的构造

为环形滑道构造，环形滑道包括上环道和下环道，上环道底面嵌镀铬钢板，接着铺放四氟板，然后用扇形预制板把轴帽和上环道连成一体，同时浇筑混凝土，从而形成上转盘。图7-21（b）为轴心构造。轴心由轴座、钢轴心、轴帽和钢套等组成。

(2) 球面铰、轨道板和钢滚轮

球面铰的类型包括半球形钢筋混凝土铰、球面形钢筋混凝土铰、球面形钢铰。各种球面铰、轨道板和钢滚轮的构造见图7-22所示。

**7.8.1.2 有平衡重平面转体拱桥的主要施工工艺**

有平衡重平面转体拱桥的主要施工顺序为：①制作底盘；②制作上转盘；③布置牵引系统的锚碇及滑轮，试转上转盘到预制轴线位置；④浇筑背墙；⑤浇筑主拱圈上部结构；⑥张拉拉杆（或扣索），使上部结构脱离支架，并且和上转盘、背墙形成一个转动体系，通过配重把结构重心调到轴心；⑦牵引转动体系，使半拱平面转动合拢；⑧封上、下盘，夯填桥台背土，封拱顶，松拉杆或索扣，实现体系转换。

扣索或拉杆的作用是固定桥体，使桥体与支架脱离。通常，桥体混凝土达到设计规定强度或者设计强度的80%后，方可分批、分级张拉扣索，扣索索力应进行检测，其允许偏差为±3%。张拉达到设计总吨位左右时，桥体脱离支架成为以转盘为支点的悬臂平衡

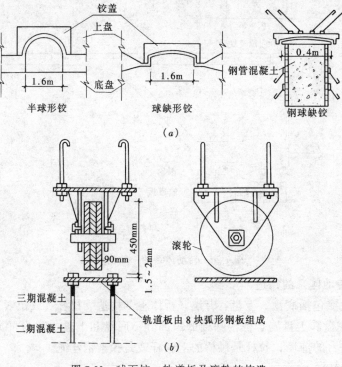

图 7-22 球面铰、轨道板及滚轮的构造
（a）球面铰；（b）轨道板和钢滚轮

状态，再根据合拢高程（考虑合拢温度）的要求精调张拉扣索。

转体合拢时应注意：①应严格控制桥体高程和轴线，误差符合要求；②应控制合拢温度。合拢温度与设计要求偏差3℃以内，合拢时应选择当日最低温度进行；③合拢时，宜先采用钢楔刹尖等瞬时合拢，再施焊接头钢筋，浇筑接头混凝土，封固转盘；④在混凝土达到设计强度的80%后，再分批、分级松扣，拆除扣、锚索。

### 7.8.2 无平衡重转体施工

无平衡重转体施工采用锚固体系代替平衡重，其一般构造如图7-23所示，由锚固体系、转动体系和位控体系构成平衡的转体系统。

锚固体系由锚碇、尾索、支撑、锚梁（或锚块）及立柱组成。锚碇可设于引道或其他适当位置的边坡岩层中。锚梁（或锚块）支承于立柱上。支撑和尾索一般设计成两个不同方向，形成三角形体系，以稳定锚梁和立柱顶部的上转轴，并使其为一固定点。

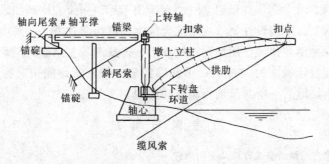

图7-23 拱桥无平衡重转体一般构造

转动体系由拱体、上转轴、下转轴、下转盘、下环道和扣索组成。图7-24为上转轴的一般构造，图7-25为下转盘的一般构造。

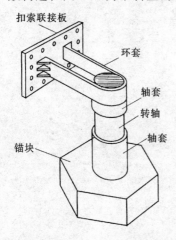
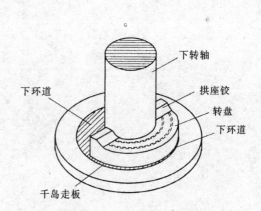

图7-24 上转轴的一般构造　　图7-25 下转盘的一般构造

转动体系施工可按下列程序进行：安装下转轴、浇筑下环道、安装转盘、浇筑转盘混凝土、安装拱脚铰、浇筑铰脚混凝土、拼装拱体、穿扣索、安装上转轴等等。

位控体系包括扣点缆风索和转盘牵引系统，用以控制在转动过程中转动体的转动速度和位置，安装时的技术要求应按照规范中的有关规定执行。

尾索张拉一般在立柱顶部的锚梁（锚块）内进行，操作程序与一般预应力梁后张法类似。两组尾索应按照上下左右对称、均衡张拉的原则，对桥轴向和斜向尾索分次、分组交叉张拉。

扣索张拉前应设立桥轴向和斜轴向支撑以及拱体轴线上拱顶、3/8、1/4、1/8 跨径处的平面位置和高程观测点，在张拉前和张拉过程中随时观测。张拉到设计荷载后，拱体脱架。

合拢施工时，应对全桥各部位包括转盘、转轴、风缆、电力线路、拱体下的障碍等进行测量、检查，符合要求后，方可正式平转。若起动摩阻力较大，不能自行起动时，宜用千斤顶在拱顶处施加顶力，使其起动，然后应以风缆控制拱体转速；风缆走速在起动和就位阶段一般控制在 0.5~0.6m/min，中间阶段控制在 0.8~1.0m/min。当两岸拱体旋转至桥轴线位置就位后，两岸拱顶高程超差时，宜采用千斤顶张拉、松卸扣索的方法调整拱顶高差。符合要求后，尽量按设计要求规定的合拢温度进行合拢施工，其内容包括用钢楔顶紧合拢口，将两端伸出的预埋件用型钢连接焊牢，连接两端主钢筋，浇筑拱顶合拢口混凝土。当混凝土达到设计强度的 75% 后，可卸除扣索。扣索的卸除按对称均衡的原则，分级进行。全部扣索卸除后，应测量轴线位置和高程。

## 思 考 题 与 习 题

7-1 简述常用简支梁桥的安装方法及适用条件。

7-2 简述逐孔法、悬臂法、顶推法、转体法和缆索吊装法的施工特点及应用条件。

7-3 常用拱架的种类有哪些？有何特点？

7-4 简述拱圈及拱上建筑的施工过程。

7-5 简述悬浇施工和悬拼施工的施工工艺及顶推法的顶推工艺。

7-6 常用的转体施工方法有哪几种？简述每种方法的施工工艺。

# 8 路面施工

路面按力学特性分为柔性路面（沥青路面）和刚性路面（水泥混凝土路面）。不同类型的路面，其施工方法也不同。本章主要介绍沥青混凝土路面、沥青碎石路面和水泥混凝土路面施工。

## 8.1 沥青混凝土路面施工

沥青混凝土路面是指沥青面层用沥青混凝土混合料铺筑，经压实成型的路面。沥青混凝土混合料是由适当比例的粗骨料、细骨料及填料组成的符合规定级配的矿料，与沥青拌和而制成的符合技术标准的沥青混合料，简称沥青混凝土。

沥青混凝土路面施工的主要内容包括：施工准备工作和路面施工。

### 8.1.1 准备工作

(1) 检查与清理基层。保证基层坚实、平整、洁净和干燥。当基层的质量检查符合要求后方可修筑沥青面层；

(2) 准备和检查施工机具。施工前对各种施工机具应作全面检查，并经调试证明处于性能良好状态，机械数量要足够，施工能力配套，重要机械宜有备用设备；

(3) 落实材料。施工前应对各种材料进行调查试验，经选择确定的材料在施工过程中应保持稳定，不得随意变更；

(4) 备齐仪器用具，制订施工计划，安排好劳动力，进行施工放样等各项工作。

### 8.1.2 施工程序

(1) 安装路缘石和培肩。沥青路面的路缘石可根据要求和条件选用沥青混凝土或水泥混凝土预制块、条石、砖等。车行道与分隔带、车行道与人行道之间的路缘石宜采用水泥预制块、条石铺筑，硬路肩与土路肩之间的路缘石可采用沥青混凝土铺筑。路缘石应有足够的强度、抗撞击、耐风化、表面平整、无脱皮现象。

(2) 清扫基层。基层必须坚实、平整、洁净和干燥，对有坑槽、不平整的路段应先修补和整平。整体强度不足时，应给以补强。

(3) 浇洒粘层或透层沥青。粘层沥青应均匀洒布或涂刷，浇洒过量处应予以刮除。透层应紧接在基层施工结束表面稍干后浇洒。透层沥青洒布后应不致流淌，要渗透入基层一定深度，不得在表面形成油膜。如遇大风或即将降雨时，不得浇洒透层沥青。当气温低于10℃时，不得浇洒粘层或透层沥青。粘层或透层沥青浇洒后，严禁车辆、行人通过。

(4) 摊铺。沥青混合料可用人工或机械摊铺，热拌沥青混合料应采用机械摊铺，摊铺必须均匀、缓慢、连续不断地进行。对高速公路和一级公路宜采用两台以上摊铺机成梯队作业进行联合摊铺，相邻两幅的摊铺应有5~10cm左右宽度的摊铺重叠。相邻两台摊铺机宜相距10~30m，且不得造成前面摊铺的混合料冷却。当混合料供应能满足不间断摊铺时，也可采用全宽度摊铺机一幅摊铺。

沥青混合料摊铺机的组成如图 8-1 所示。摊铺机操作过程如图 8-2 所示。摊铺时，自动倾卸汽车将沥青混合料卸到摊铺机料斗，然后经链式传送器将混合料传到螺旋摊铺器，随着摊铺机向前行驶，螺旋摊铺器即在摊铺带宽度上均匀地摊铺混合料，随后由振捣板捣实，并由摊平板整平。摊铺应尽量采用全路幅铺筑，以避免纵向施工缝。双层式沥青混凝土的上、下层应尽可能在同一天内铺筑，以避免下层污染。如间隔时间较长，下层受到污染的路段，铺筑上层前应对下层进行清扫，并浇洒粘质沥青。注意控制沥青混凝土的摊铺温度，石油沥青混合料控制在不低于 110～130℃，不超过 165℃；煤沥青混合料控制在 80～120℃。同时要控制沥青混合料的现场摊铺厚度。人工摊铺时应注意不使材料粗细分离，要边摊铺边用刮板整平。刮平时做到轻重一致，来回刮 2～3 次达平整即可，不得反复撒料反复刮平引起粗骨料离析。摊铺不得中途停顿，摊铺好的沥青混合料应紧接碾压。如因故不能及时碾压或遇雨时，应停止摊铺，并对卸下的沥青混合料覆盖保温。

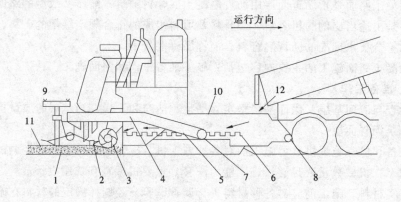

图 8-1 沥青混合料摊铺机
1—摊铺机；2—振捣板；3—螺旋摊铺器；4—水平臂；5—链式传送器；6—履带；
7—枢轴；8—顶推辊；9—厚度控制器；10—料斗；11—摊铺面；12—自卸汽车

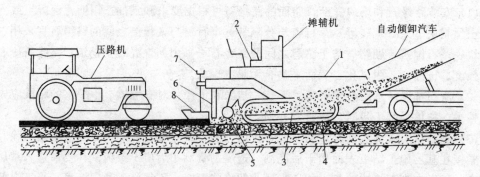

图 8-2 沥青混合料摊铺机操作示意图
1—料斗；2—驾驶台；3—送料器；4—履带；5—螺旋摊铺器；6—振捣器；
7—厚度调节螺杆；8—摊平板

(5) 碾压。沥青混合料的碾压应按初压、复压、终压（包括成型）三个阶段进行。

初压可用 6～8t 双轮压路机，应在混合料摊铺后较高温度下进行，并不得产生推移、发裂，压实温度应根据沥青稠度、压路机类型、气温、铺筑层厚度、混合料类型等经试铺试压确定，并符合施工技术规范要求。碾压次序：从外侧向中心碾压。相邻碾压带应重叠 1/3~1/2 轮宽，最后碾压路中心部分，压完全幅为一遍。当边缘有挡板、路缘石、路肩等支挡时，应紧靠支挡碾压。当边缘无支挡时，可用耙子将边缘的混合料稍稍耙高，然后将压路机的外侧轮伸出边缘 10cm 以上碾压。也可在边缘先空出 30~40cm，待压完第一遍后，将压路机大部分重量位于已压实过的混合料面上再压边缘，以减少向外推移。初压一般 2 遍左右，其线压力不宜小于 350N/cm。初压后检查平整度、路拱，必要时予以适当修整。另外，碾压时应将驱动轮面向摊铺机（图 8-3）。碾压路线及碾压方向不应突然改变而导致混合料产生推移。压路机起动、停止必须减速缓慢进行。

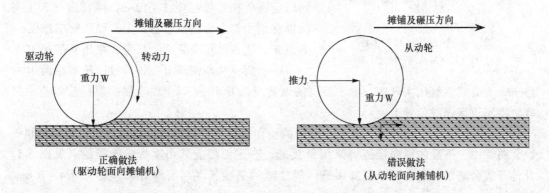

图 8-3 压路机的碾压方向

复压应紧接在初压后进行。宜用重型的轮胎压路机，也可用振动压路机或钢筒式压路机。碾压遍数应经试压确定，不宜少于 4~6 遍，达到要求的压实度，并无显著轮迹为止。当采用轮胎压路机时，总重量不宜小于 22t。轮胎充气压力不小于 0.5MPa，相邻碾压带应重叠 1/3~1/2 的碾压轮宽度。当采用三轮钢筒式压路机时，总重量宜不小于 12t，相邻碾压带应重叠后轮 1/2 宽度。当采用振动压路机时，振动频率宜为 35~50Hz，振幅宜为 0.3~0.8mm，并根据混合料种类、温度和层厚选用。层厚较厚时选用较大的频率和振幅，相邻碾压带重叠宽度为 10~20cm。振动压路机倒车时应先停止振动，并在向另一方向运动后再开始振动，以避免混合料形成鼓包。

终压应紧接在复压后进行。终压可采用双轮钢筒式压路机或关闭振动的振动压路机碾压，一般为 2~4 遍。

在整个压实过程中，压路机应以慢而均匀的速度碾压，压路机的碾压速度应符合表 8-1 的要求。

压路机碾压速度（km/h） 表 8-1

| 压路机类型 | 初 压 | | 复 压 | | 终 压 | |
| --- | --- | --- | --- | --- | --- | --- |
| | 适 宜 | 最 大 | 适 宜 | 最 大 | 适 宜 | 最 大 |
| 钢筒式压路机 | 1.5~2 | 3 | 2.5~3.5 | 5 | 2.5~3.5 | 5 |
| 轮胎压路机 | — | — | 3.5~4.5 | 8 | 4~6 | 8 |
| 振动压路机 | 1.5~2（静压） | 5（静压） | 4~5（振动） | 4~5（振动） | 2~3（静压） | 5（静压） |

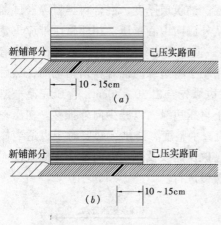

图 8-4 纵缝冷接缝的碾压
（a）第一次碾压；（b）第二次碾压

(6) 接缝处理。沥青混凝土路面的各种施工缝（包括纵缝及横缝）都必须密实、平顺，接缝前其边缘应扫净、刨齐，刨齐后的边缘应保持垂直。

纵向接缝施工：摊铺时采用梯队作业的纵缝应采用热接缝。施工时应将已铺混合料部分留下 10~20cm 宽暂不碾压，作为后摊铺部分的高程基准面，最后作跨缝碾压以消除缝迹。半幅施工不能采用热接缝时，宜加设挡板或采用切刀切齐。铺另半幅前必须将缝边缘清扫干净，并涂洒少量粘层沥青。摊铺时应重叠在已铺层上 5~10cm，摊铺后用人工将摊铺在前半幅上面的混合料铲走。碾压时应按图8-4的方式，先在已压实路面上行走，碾压新铺层 10~15cm，然后压实新铺部分，再伸过已压实路面 10~15cm，充分将接缝压实紧密。上、下层的纵缝应错开 15cm 以上，表层的纵缝应顺直，且宜留在车道区画线位置上。

横向接缝施工：相邻两幅及上、下层的横向接缝均应错位 1m 以上。对高速公路和一级公路，中、下层的横向接缝可采用斜接缝，在上面层应采用垂直的平接缝（见图 8-5）其他等级公路的各层均可采用斜接缝。斜接缝的搭接长度与层厚有关，宜为 0.4~0.8m，

图 8-5 横向接缝的两种型式

搭接处应清扫干净并洒粘层油。平接缝应做到紧密粘结，充分压实，连接平顺。横向接缝

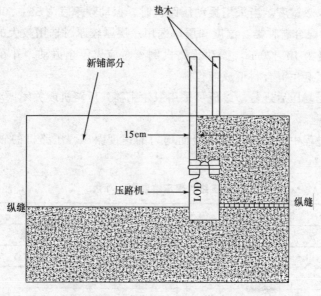

图 8-6 横向接缝的碾压方法

的碾压应先用双轮或三轮钢筒式压路机进行横向碾压（图8-6）。碾压带的外侧应放置供压路机行驶的垫木，碾压时压路机应位于已压实的混合料层上，伸入新铺层的宽度为15cm。然后每压一遍向新铺混合料移动15~20cm，直至全部在新铺层上为止，再改为纵向碾压。当相邻摊铺层已经成型，同时又有纵缝时，可先用钢筒式压路机沿纵缝碾压一遍，其碾压宽度为15~20cm，然后再沿横缝作横向碾压，最后进行正常的纵向碾压。

（7）开放交通。热拌沥青混合料路面应待摊铺层完全自然冷却，混合料表面温度低于50℃（石油沥青）或45℃（煤沥青）后开放交通，需要提早开放交通时，可洒水冷却以降低混合料温度。

## 8.2 沥青碎石路面施工

沥青碎石路面是由几种不同粒径大小的级配矿料，掺有少量矿粉或不加矿粉，用沥青作结合料，按一定比例配合，拌和均匀，经压实成型的路面。这种沥青混合料，称为沥青碎石混合料。它的主要优点是沥青用量少，造价低，能充分发挥其颗粒的嵌挤作用，高温稳定性好，在高温季节不易形成波浪、推挤和拥包，路表面较易保持粗糙，有利于高速行车和安全。主要缺点是空隙率较大，易透水，而且沥青老化后路面结构容易疏松，导致破坏。故沥青碎石路面的强度和耐久性都不如沥青混凝土。为了增强沥青碎石路面的抗透水性和使其具有良好的平整度，必须在其表面加铺沥青进行表面处治或沥青砂等封层。

沥青碎石路面的施工方法有热拌热铺、热拌冷铺、冷拌冷铺等几种方法。前者用于高级路面，其他方法用于次高级路面。

沥青碎石路面的施工方法和施工要求基本上与沥青混凝土路面相同。具体的施工要求参见路面施工技术规范，这里不再赘述。

## 8.3 水泥混凝土路面施工

水泥混凝土路面是高等级公路路面的重要类型之一，它是以混凝土路面板和基、垫层所组成的路面。它的主要优点是强度高，稳定性好，耐久性好，养护维修费用少，抗滑性能好，使用寿命长，能够适应重载、高速、大交通量的运输要求。因此，已在城市道路、高等级道路、机场跑道等方面得到广泛应用。

积极发展水泥混凝土路面，对合理利用资源、缓解沥青供求矛盾、增强交通运输基础设施建设具有重要意义。修筑水泥混凝土路面一次性投资大，技术标准高，工艺要求严，用传统的人力和小型机具施工难以满足要求。要修建高等级、高质量的水泥混凝土路面必须逐步实现机械化施工。下面主要介绍水泥混凝土路面的施工工艺。

### 8.3.1 施工前的准备工作

施工前的准备工作是施工全过程中的重要环节，因此，要做好如下准备工作：

（1）施工组织。根据混凝土面层板施工特点确定施工方案，编制施工组织设计，落实责任，分工合作。各道工序衔接要紧密，各生产班组按施工进程先后来安排作业；

（2）施工现场布置。选择好搅拌堆料场地，备齐施工机具，修建好临时道路及各种生活设施；

(3) 拆除有碍施工的建筑物、电线杆、灌溉渠道、地下管线等；

(4) 进行材料试验和混凝土配合比设计；

(5) 测量放样。根据设计图纸放出路中心线及路边线，并定出各种控制桩。测量放样必须经常复核，做到勤测、勤复核、勤纠偏；

(6) 土基和基层的检查与整修。在施工前，应对土基和基层进行全面的检查，如有不符合要求之处，应予以纠正。

**8.3.2 混凝土面层板的施工程序**

混凝土面层板的施工方法分为人工摊铺法和机械摊铺法。

**8.3.2.1 人工摊铺法**

人工摊铺法施工程序为：①边模安装；②传力杆安设；③混凝土的拌和与运送；④混合料的摊铺和振捣；⑤接缝筑做；⑥表面整修；⑦混凝土的养护；⑧填缝；⑨开放交通。

(1) 边模安装

在摊铺混凝土前，应先安装两侧模板。条件许可时宜优先选用钢模，如果采用手工摊铺混凝土，则边模可采用木模板。当用机械摊铺时，必须采用钢模板。侧模按预先标定的位置安放在基层上，内外两侧用铁钎打入基层以固定位置。模板连接应牢固、紧密，不允许漏浆。模板安装好后，应用水准仪检查其标高，不符合时予以调整。模板的平面位置和高程控制都很重要，稍有歪斜和不平，都会影响到面层。因此，施工时必须经常校验，严格控制。此外，模板内侧应涂刷废机油、肥皂液等润滑剂以便拆模。

(2) 传力杆安设

胀缝传力杆安设是在两侧模板安装好后进行的。对于连续浇筑的混凝土板，一般采用整体式嵌缝板设置。具体做法是在嵌缝板上预留圆孔，嵌缝板上面设压缝板条，其旁再放一块胀缝模板，按传力杆位置和间距，在胀缝模板下部挖成倒U形槽，便于传力杆由此通过。传力杆的两端固定在钢筋支架上，支架脚插入基层内（见图8-7）。

对于不连续浇筑的混凝土板在施工结束时设置的胀缝，宜用顶头木模固定传力杆的安装方法（见图8-8所示）。

(3) 混凝土混合料的拌和与运送

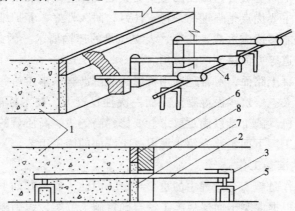

图8-7 胀缝传力杆架设（钢筋支架法）
1—先浇的混凝土；2—传力杆；3—金属套管；4—钢筋；
5—支架；6—压缝板条；7—嵌缝板；8—胀缝模板

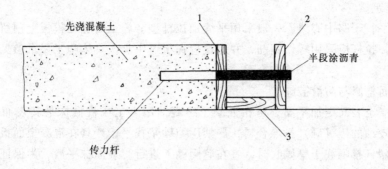

图 8-8 胀缝传力杆架设（顶头木模固定）
1—端头挡板；2—外侧定位模板；3—固定模板

混凝土混合料的制备可采用两种方式：在工地现场由拌和机拌制（场拌法或路拌法）；在中心工厂集中拌制，而后用汽车运送到工地（厂拌法）。

混合料应采用机械拌和，其容量应根据摊铺机械的性能、工程量和施工进度配置。拌制混凝土时，要准确掌握配合比，特别要严格控制用水量。混凝土混合料的运输宜采用自卸汽车，当运距较远时，宜采用搅拌运输车运送。混合料从搅拌机出料后运到铺筑地点浇筑完毕的允许最长时间，应根据试验室的水泥初凝时间及施工气温确定，并应符合规范规定。运送时间不宜过长，通常，夏季不宜超过 30～40min，冬季不宜超过 60～90min。高温天气运送混合料时应采取覆盖措施，以防混合料中水分蒸发。运送用的车厢必须在每天工作结束后，用水冲洗干净。

（4）混合料摊铺和振捣

在混凝土混合料摊铺之前，应对模板进行全面检查，并经监理工程师认可。此外，还要检查基层的情况和施工机械的状况等。

摊铺应在整个宽度连续进行。中途如因故停工，应设置施工缝。摊铺厚度应考虑振实预留高度。摊铺过程严禁抛掷和搂耙，以防离析。摊铺时最好按模板边、角隅、接缝的次序进行。对摊铺的混凝土要迅速用振捣器具将其振实。振捣时，每一位置的持续时间，应以混合料停止下沉，不再冒气泡并泛出砂浆为准，不宜过振。振捣时应辅以人工找平，并应随时检查模板有无下沉、变形或松动。

（5）接缝筑做

1）胀缝筑做

胀缝应与路面中心线垂直，缝壁必须垂直并符合图纸要求。胀缝的缝隙宽度必须一致，缝中不得连浆，缝隙上部应灌填缝料，下部应设置胀缝板。先浇筑胀缝一侧混凝土，浇筑完后，取去胀缝模板，再浇筑另一侧混凝土。多车道路面胀缝应做成一条连续缝。

2）横向缩缝（假缝）筑做

①压缝法：混凝土经振捣后，在缩缝位置先用切缝刀切出一条细缝，再将压缝板压入混凝土中。当混凝土收浆抹面后，再轻轻取出压缝板，并用铁抹板抹平。

②锯缝法：在结硬的混凝土中用锯缝机锯割出要求深度的槽口。采用此法需掌握好锯割时间，过迟时，混凝土可能出现收缩裂缝；过早时，混凝土因还未结硬，锯割时槽口边缘易产生剥落。合适的时间视气候条件而定，宁早不晚，宁深不浅。

3）纵缝筑做

纵缝应平行于路中心线，一般采用平缝加拉杆型。施工时应在模板上预留圆孔道，以便拉杆穿入，拉杆应采用螺纹钢筋，并应设置在板厚中央。具体施工要求参见施工技术规范。

(6) 表面整修与防滑措施

为使混凝土表面更加平整，可在混凝土终凝前用人工或机械抹平其表面。表面整修时，应选用较细的碎（砾）石混合料，严禁用纯砂浆找平；严禁在混凝土面板上洒水、撒水泥粉，当烈日暴晒或干旱风吹时，宜在遮阴棚下进行。表面抹平后，为保证混凝土路面的抗滑性能，应按要求的表面构造深度沿横坡方向采用机具刻槽，或采用拉槽器、滚动压纹器等合适的工具在混凝土表面沿横向制作纹理。

(7) 混凝土的养护

同其他混凝土工程一样，为保证水泥水化过程的顺利进行，并防止混凝土中水分蒸发过快而产生缩裂，混凝土板整面完毕后应及时养护。养护常用的方法有下列两种：

1）湿法养护

养护应在混凝土抹面 2h 后，当表面已有相当硬度，用手指轻压没有痕迹时即可进行。一般采用草席、湿麻袋、湿砂或锯末覆盖于混凝土表面，每天用喷壶均匀洒水 2～3 次，使其保持潮湿状态，养护时间一般为 14～21d，具体时间视气温而定。

2）塑料薄膜养护剂养护

当混凝土表面不见浮水，用手指按压无痕迹时，可在混凝土表面均匀喷洒塑料薄膜养护剂，以形成不透水的薄膜粘附于混凝土表面，阻止混凝土中水分的蒸发。

(8) 填缝

混凝土路面养护期满后即可进行填缝。填缝前，必须保持缝内干燥清洁，防止砂石等杂物掉入缝内。浇灌填缝料时，填缝料应与混凝土缝壁粘附紧密。在夏季应使填缝料灌至与板面齐平，在冬季则应稍低于板面。另外，在开放交通前，填缝料应有充分的时间硬结。

(9) 开放交通

待混凝土强度达到设计强度的 90% 以上时，方可开放交通。

#### 8.3.2.2 机械摊铺法

机械摊铺法是采用摊铺机进行混合料摊铺的方法。常用的摊铺机类型有滑模式和轨道式。

(1) 滑模式摊铺机摊铺

用滑模式摊铺机（图8-9）摊铺混凝土混合料时，不需在基层上安装模板，模板直接固定在摊铺机上。随着摊铺机前进，模板逐渐向前滑动，同时完成摊铺、振捣、成型、打传力杆等工序。其余工序与人工摊铺法相同。

(2) 轨道式摊铺机摊铺

用轨道式摊铺机摊铺混凝土混合料时，首先要在基层上安装轨道和钢模板，然后将混凝土混合料用均料机均匀分布在待铺筑路段内，随着摊铺机行驶，由摊铺器将初布的混凝土混合料进一步摊平，并在机械自重作用下对路面进行初压，同时用插入式振捣机组或振捣梁进行振捣，整平机进行整平。其余工序与人工摊铺法相同。

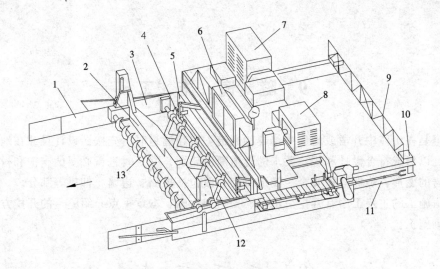

图 8-9 滑模式摊铺机构造图

1—前挡板；2—刮板；3—侧板；4—振捣棒；5—整形板；6—控制箱；
7—主发动机；8—振动器发动机；9—桁架；10—修边器；11—拉模；
12—振动器；13—螺旋杆

采用机械摊铺法施工时的具体要求参考施工技术规范。

## 思 考 题 与 习 题

8-1 沥青混凝土路面施工前应做哪些准备工作？

8-2 简述沥青混合料的摊铺过程。

8-3 沥青混合料的碾压应注意哪些问题？

8-4 简述纵向接缝和横向接缝的施工方法。

8-5 简述人工摊铺法的施工程序。

8-6 如何安装模板和传力杆？

8-7 混凝土混合料运送、摊铺及振捣时，应注意哪些问题？

8-8 混凝土养护有哪些方法？

8-9 简述机械摊铺法的摊铺过程。

# 9 隧道施工

隧道是在山体中开凿或地层中修建的通道。修建隧道时，先按照设计尺寸在地层中挖出土石，以形成符合设计和规范要求的隧道断面轮廓，并及时进行必要的支护和衬砌，以控制围岩的变形，确保隧道安全。隧道衬砌一般包括拱圈、边墙、仰拱等部分。

隧道施工的主要工序有开挖、出碴、支护和衬砌。本章重点介绍隧道的开挖方法、支护及衬砌施工。

## 9.1 施工方法

隧道施工中，开挖对工程的安全、质量、进度会产生重大影响，因此，确定开挖方式和开挖方法时，应对各种条件作综合考虑，要讲究经济效益，在满足安全、质量、进度的前提下，应尽量采用造价低的施工方法。开挖方法及开挖、支护顺序见表9-1。

开挖方法及开挖、支护顺序　　　　　　表 9-1

| 开挖方法名称 | 图 例 | 开 挖 顺 序 说 明 |
| --- | --- | --- |
| 全断面法 |  | 1—全断面开挖；<br>2—锚喷支护；<br>3—灌筑衬砌 |
| 台阶法 |  | 1—上半部开挖；<br>2—拱部锚喷支护；<br>3—拱部衬砌；<br>4—下半部中央部开挖；<br>5—边墙部开挖；<br>6—边墙锚喷支护及衬砌 |
| 台阶分部法 |  | 1—上弧形导坑开挖；<br>2—拱部锚喷支护；<br>3—拱部衬砌；<br>4—中核开挖；<br>5—下部开挖；<br>6—边墙锚喷支护及衬砌；<br>7—灌筑仰拱 |

续表

| 开挖方法名称 | 图例 | 开挖顺序说明 |
|---|---|---|
| 上下导坑法 | 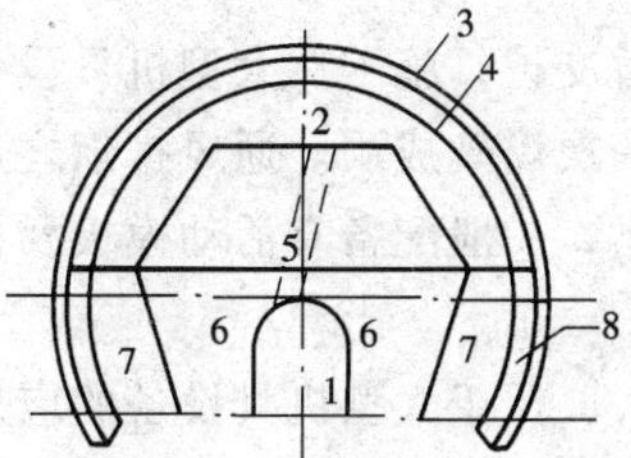 | 1—下导坑开挖；<br>2—上弧形导坑开挖；<br>3—拱部锚喷支护；<br>4—拱部衬砌；<br>5—设漏斗，随着推进开挖中核；<br>6—下半部中部开挖；<br>7—边墙部开挖；<br>8—边墙锚喷支护衬砌 |
| 上导坑法 | 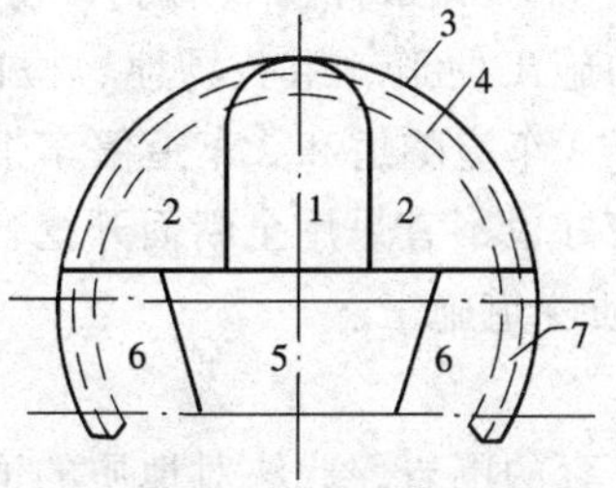 | 1—上导坑开挖；<br>2—上半部其他部位开挖；<br>3—拱部锚喷支护；<br>4—拱部衬砌；<br>5—下半部中部开挖；<br>6—边墙部开挖；<br>7—边墙锚喷支护及衬砌 |
| 单侧壁导坑法<br>（中壁墙法） | 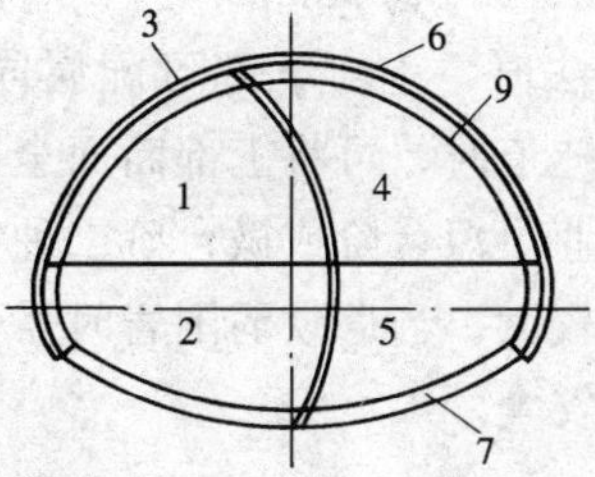 | 1—先行导坑上部开挖；<br>2—先行导坑下部开挖；<br>3—先行导坑锚喷支护钢架支撑等，设置中壁墙临时支撑（含锚喷钢架）；<br>4—后行洞上部开挖；<br>5—后行洞下部开挖；<br>6—后行洞锚喷支护、钢架支撑；<br>7—灌筑仰拱混凝土；<br>8—拆除中壁墙；<br>9—灌筑全周衬砌 |
| 双侧壁导坑法 | 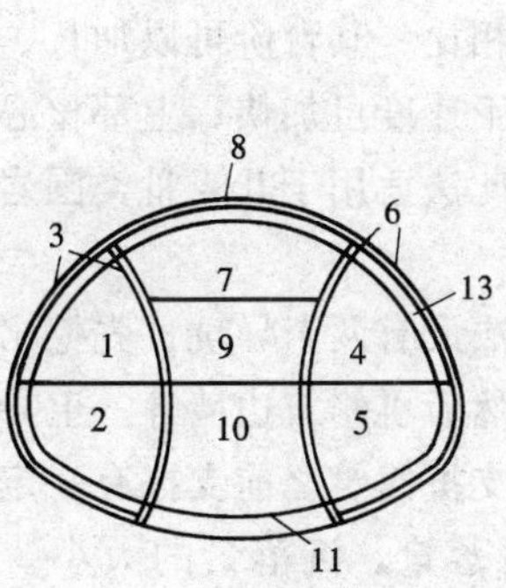 | 1—先行导坑上部开挖；<br>2—先行导坑下部开挖；<br>3—先行导坑锚喷支护、钢架支撑等，设置临时壁墙支撑；<br>4—后行导坑上部开挖；<br>5—后行导坑下部开挖；<br>6—后行导坑锚喷支护、钢架支撑等，设置临时壁墙支撑；<br>7—中央部拱顶开挖；<br>8—中央部拱顶锚喷支护、钢架支撑等；<br>9、10—中央部其余部开挖；<br>11—灌筑仰拱混凝土；<br>12—拆除临时壁墙；<br>13—灌筑全周衬砌 |

注：1. 图例中省略了锚杆；
2. 图中所列方法为基本开挖方法，根据具体情况可作适当变换。

上述开挖方法中，最常见的有全断面法、台阶法、台阶分部法、上下导坑法、侧壁导坑法。

### 9.1.1 全断面法

在围岩稳定、完整，开挖后不需临时支护，施工有大型机具设备的情况下，可采用全断面开挖法。钻孔台车钻出全部炮眼，一次爆破成洞。通风排烟之后，用大型装渣机及配套的运载车辆迅速出渣，衬砌为先墙后拱，一般配备有活动模板及衬砌台车灌筑。当采用喷锚支护时，一般由台车同时钻出锚孔。

该法特点是：开挖断面与作业净空大，便于大型机具设备的应用，工序简单，各工序干扰少，断面一次挖成，能够较好地发挥深孔爆破的优越性，提高钻爆效果；各种管线铺设便利并较少被爆破损坏，运输、通风、排水等条件均较有利；便于施工组织与施工管理。但是由于应用大型机具，需要相应的施工便道、组装场地、检修设备、足够的能源，因此该法的应用往往受到条件限制。对于3车道隧道和2车道停车带区段，因其属特大断面，为了防止围岩失稳，即使围岩情况较好也不宜采用全断面开挖。

该法一般适用于Ⅳ～Ⅵ类围岩的石质隧道施工。

### 9.1.2 台阶法

台阶法适用于Ⅱ～Ⅳ类较软或节理发育的围岩，此法对地质的适应性较强，多用于围岩能短期内处于稳定的地层。

台阶法按上台阶超前长度分为长台阶法（台长50m以上）、短台阶法（台长5～50m）和微台阶法（3～5m）三种。采用长台阶法时，上、下部可配属同类较大型机械平行作业，当机械不足时也可交替作业。当遇短隧道时，可将上部断面全部挖通后，再挖下半断面。该法施工干扰较少，可进行单工序作业。短台阶或微台阶二种方法可缩短仰拱封闭时间，改善初期支护受力条件，但施工干扰较大，当遇软弱围岩时需慎重考虑，必要时应采用辅助开挖措施稳定开挖面，以保证施工安全。

### 9.1.3 台阶分部法

台阶分部法是将开挖面分成环形拱部、上部核心及下部台阶三部分，根据地质好坏，将环形拱部断面分成一块或几块开挖。环形开挖进尺一般不应过长，以0.5～1.0m为宜。

台阶分部法的主要优点：与微台阶法相比，其台阶可以加长，一般可取1倍洞跨；与侧壁导坑法相比，其机械化程度较高，施工速度可加快；上部核心及下部台阶开挖在拱部初期支护的保护下进行，施工安全性好。此法适用于Ⅱ～Ⅲ类围岩或一般土质围岩地段。

### 9.1.4 上下导坑法

上下导坑法适用于Ⅱ～Ⅲ类围岩。此法设有两个导坑，先挖出上部断面，然后把拱圈修筑好，在拱圈保护之下开挖下部断面，然后再修筑边墙等。上导坑位置应考虑到围岩压力增长有可能顶部支撑不能拆除，在永久支护修筑之前支撑有一定沉落，因此支撑需架设在设计轮廓线外，并根据地质情况预留沉落量。沉落量的大小，土质隧道为30～60cm，石质隧道为20～40cm。

该法最大优点是施工安全。设两个导坑，运输、通风、排水、管线路布置等都易解决，能拉开工作面，便于使用小型机具。遇地质情况变化，变换施工方法较易。缺点是马口开挖影响进度，并使衬砌质量低，整体性差，边墙与拱脚处封口不易密实。该法工序多、干扰大，施工管理不便，两个导坑也增加开挖费用。

#### 9.1.5 侧壁导坑法

侧壁导坑法（包括单侧壁导坑法和双侧壁导坑法）适用于地质条件较差、断面大、地表沉降需要控制的场合。据国内外工程实践表明，与台阶法开挖相比，侧壁导坑法尤其是双侧壁导坑法开挖引起的地表下沉量较小，因此特别适用于高度较小的大跨度浅埋隧道开挖。

因该法用于围岩不稳定的情况，故需注意临时支护结构要坚固可靠、及时，必要时用"先撑后挖"方式进行开挖（如插板法等）。衬砌时需支撑抽换，此时也应按"先顶后抽"的原则进行。

该法安全可靠，坑道暴露时间短，开挖面小，对围岩扰动轻。衬砌为先墙后拱，质量较好。但施工进度慢，导坑多，造价高，通风排水困难。

## 9.2 隧 道 掘 进

### 9.2.1 凿岩爆破

凿岩爆破是隧道施工中较关键的基本作业，其主要内容包括炮眼参数确定及炮眼布置、装药、引爆等。

#### 9.2.1.1 掏槽种类

爆破时首先进行导坑开挖，导坑开挖的关键是掏槽，即在只有一个临空面的条件下先开挖出一个槽口，作为新的临空面，提高爆破效果，先开的这个槽口称为掏槽。

常用的掏槽类型如下：

（1）锥形掏槽（图 9-1）：爆破后槽口呈锥形，常用于坚硬或中硬整体岩层；

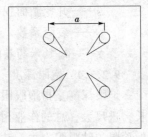

图 9-1 四角锥形掏槽

（2）楔形掏槽：炮眼分为两排，爆破后槽口呈楔形，槽口垂直的称垂直楔形掏槽（图 9-2），适用于层理大致垂直的岩层。槽口水平的称水平楔形掏槽，适用于层理大致水平的岩层；

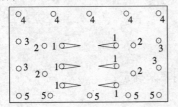

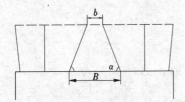

图 9-2 垂直楔形掏槽
1—掏槽眼；2—辅助眼；3—帮眼；
4—顶眼；5—底眼

（3）单向掏槽：在中硬岩层中，有明显层面或裂缝的，可用单向掏槽，使炮眼横穿层面或裂缝。炮眼向上的称爬眼，向下的称插眼，炮眼也可斜向倾斜；

（4）直线形掏槽：炮眼方向与坑道中心线平行，即与开挖面垂直。其中有若干个眼将不再装炸药，它们起临空面的作用。直线形掏槽常用于石质坚硬、整体性较好的岩层开挖中，并常用于机械钻眼的场合或深眼掘进的场合。

从施工方便及爆破效果看，在机械化程度不高，浅眼掘进时，用垂直楔形掏槽较多；在机械化程度高，用多台风钻、深眼掘进时，用直线形掏槽较多。直线形掏槽眼深不受坑道断面大小限制，炮眼方向容易控制，操作方便；但总的炮眼数，由于有空眼，比楔形掏槽要多。

#### 9.2.1.2 炸药用量

炸药用量与岩性、炸药威力、断面大小、临空面多少、炮眼直径、炮眼深度等都有关。炸药用量影响爆破效果及装渣作业，因此，合理确定炸药用量在坑道开挖中是很重要的。一般情况下，先参考经验数据，或用经验公式计算，或用炸药消耗定额估计等方法，初步确定炸药用量，然后在现场试验，通过十几次试验，即可调整到较合理的炸药用量。

#### 9.2.1.3 炮眼数目

炮眼数也影响爆破效果，眼多增加钻眼时间，眼少则会造成欠挖或渣石块度太大而不利出渣。

炮眼数应根据岩石强度、地质构造、自由面数（临空面数）、坑道断面尺寸、炸药性质、炮眼布置、炮眼直径、炮眼长度等因素确定，同时，还应通过试验检验和调整初步设计。计算公式为：

$$N = \frac{qs}{\alpha \gamma} \tag{9-1}$$

式中　$N$——炮眼数量；

　　　$q$——单位用药量，一般取 $q = 1.1 \sim 2.4 \text{kg/m}^3$；

　　　$s$——开挖断面积，$m^2$；

　　　$\alpha$——装药系数，一般取 $\alpha = 0.5 \sim 0.8$；

　　　$\gamma$——每延米药卷的炸药重量，$kg/m$。

#### 9.2.1.4 炮眼深度

炮眼深度是指炮眼眼底至临空面的距离。炮眼深度与掘进进度有关，深眼钻眼时间长，进尺大，总的作业循环次数减少，相应辅助时间（如装药、爆破、通风等）可减少，但深眼的钻眼阻力大，钻眼速度受影响。合理的炮眼深度对提高掘进速度和炮眼利用率都有较大影响。

确定炮眼深度有下列几种方法，具体确定时，应根据实际开挖情况综合考虑确定。

（1）根据导坑断面尺寸及围岩条件确定：

$$l = (0.5 \sim 0.8)B \tag{9-2}$$

式中　$l$——炮眼深度，即眼底至开挖面之距离，m；

　　　$B$——导坑高或宽，取其中小者，m；

（2）按每一掘进循环所要求的进尺数及实际的炮眼利用率来确定：

$$l = \frac{l_0}{\eta} \tag{9-3}$$

式中　$l$——炮眼深度，m；

　　　$l_0$——每一掘进循环的计划进尺数，m；

　　　$\eta$——炮眼利用率，一般要求不低于85%，计算时可取0.85。

（3）参考经验数据确定炮眼深度。

#### 9.2.1.5 炮眼直径

炮眼直径与岩性、炸药威力、断面大小、临空面多少等有关。过大的炮眼直径要求很强的凿岩能力，过小则需采用高威力炸药。合理的炮眼直径应是在相同条件下，掘进速度快、爆破质量好的孔径，同时需考虑经济因素，在施工中可由试验而得。

#### 9.2.1.6 炮眼布置

炮眼布置，按其作用的不同，分掏槽眼、辅助眼和周边眼三种。掏槽眼用来先掏出开挖面上的一部分岩石，增加临空面，改善其他炮眼爆破条件。周边眼用以崩落周边的岩石，保证设计开挖轮廓线。辅助眼用以扩大掏槽的体积，为周边眼爆破创造有利条件，其布置视岩层的性质特点而定。整体性较好的硬岩，布眼宜密；较破碎的软岩，布眼宜疏，一般均应避开节理或裂隙。

在一般情况下，炮眼布置应符合下列要求：

（1）掏槽炮眼布置在开挖断面的中央稍靠下部，以使底部岩石破碎，减少飞石；（2）周边炮眼应沿设计开挖轮廓线布置；（3）辅助炮眼应交错均匀地布置在周边眼与掏槽眼之间，并垂直于开挖面打眼，力求爆下的石渣块体大小适合装渣的要求；（4）开挖断面底面两隅处，应合理布置辅助眼，适当增加药量，消除爆破死角；断面顶部应控制药量，防止出现超挖；（5）宜用直眼掏槽，眼深小于2m时可用斜眼掏槽，掏槽炮眼间距不得小于20cm；（6）斜眼掏槽的炮眼方向，在岩层层理或节理发育时，不得与其平行，应呈一定角度并尽量与其垂直；（7）周边炮眼与辅助炮眼的眼底应在同一垂直面上，保证开挖面平整。但掏槽炮眼应比辅助炮眼眼底深10cm。

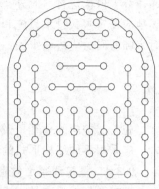

图9-3 直线形布眼

根据隧道的断面形式和地质情况，遵循设计和规范要求，炮眼的布置方法通常有下列几种：直线形布眼（图9-3）、多边形布眼（图9-4）和弧形布眼（图9-5）等。

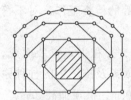

图9-4 多边形布眼

### 9.2.2 出渣

隧道掘进中，装渣运输作业在一定条件下会成为影响掘进速度的重要因素。装渣运输由四个环节组成：装（装渣）、调（调车）、运（运输）、卸（卸渣）。

#### 9.2.2.1 装渣

装渣机具应与运输车辆配套，应能发挥机具的较高效率，从而提高装渣速度。装渣能力应与每次开挖土石方量及运输车辆的容量相适应。

#### 9.2.2.2 调车

运输作业的效率，与车辆调度有很大关系。有轨运输时，开挖面应有调车设备，以加快空车调入。

#### 9.2.2.3 运输

运输是把石渣运到洞外，并在指定地点弃渣，此外，洞内需要的材料、机具等（如洞内用混凝土集料、支撑材料、回填材料、施工用机具）需运入洞内指定地点。运输方式分有轨式和无轨式，应根据隧道长度、开挖方法、机具设备、运量大小等选用。同时，在施工中须注意线路（无论是有轨运输或无轨运输）的良好状态，采用有轨运输时，洞外应根据需要设置调车、编组、出渣、进料、设备整修等作业线路，洞内宜铺设双道。采用无轨式自卸卡车运输时，运输道路宜铺设简易

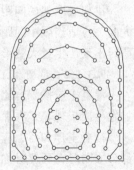

图9-5 弧形布眼

路面，道路宽度及行车速度应符合有关规定。先拱后墙法施工中，如采用卡口梁作运输栈道时，在卡口梁下应加设立柱支顶，以保证栈道上运输安全。

#### 9.2.2.4 卸渣

卸渣应根据弃渣场地形条件、弃渣利用情况、车辆类型，妥善布置卸渣线，卸渣应在卸渣线上依次进行。此外，卸渣宜采用自动卸渣或机械卸渣设备，并应有专人指挥。卸渣场地应修筑永久排水设施和其他防护工程，确保地表径流不致冲蚀弃渣堆。轨道运输卸渣时，卸渣码头应搭设牢固，并设挂钩、栏杆，轨道末端应设置可靠的挡车装置。

## 9.3 隧道支护和衬砌

施工支护应配合开挖及时施作，确保施工安全。选择支护方式时，对不同类别的围岩，应采用不同结构形式的施工支护。

### 9.3.1 模筑混凝土衬砌施工

模筑混凝土衬砌是隧道永久支护之一，衬砌好坏直接影响整个隧道的工程质量和使用，因此，在施工中必须注意保证质量，符合设计要求。其基本工艺流程与其他道路工程中的模筑混凝土作业大致相同，下面主要叙述其在隧道衬砌施工中注意事项。

#### 9.3.1.1 清理场地，架设模板

施工场地在灌注混凝土之前需清理干净，做好中线、开挖断面等的检查工作，对不符合要求的欠挖，应予以凿除。

拱部模板铺设在拱架上。拱架可用钢或木板制成设计所需形状，并在工点拼装而成，拱脚标高在架立拱架时应预留沉落量。由于测量误差、架立拱架的误差及施工中的种种原因，有可能在灌注时拱脚内挤，故在架设拱脚时拱脚每侧加宽 5~10cm，拱顶加高 5cm。

墙架的构造形式应简单、便于拆装，墙架可结合工作平台考虑。立墙架应注意测量定位，墙基需清理并检查标高，曲墙式衬砌要注意与仰拱衔接的要求。利用墙架做工作平台时，注意防止墙架走动变形。

拱架或墙架的间距应根据围岩情况、跨度大小及衬砌厚度等因素确定。跨度和荷载较大时，应适当减小间距，并在灌注混凝土时沿拱架径向设置若干临时支撑，保证拱架在受荷时不致产生过大变形。

#### 9.3.1.2 混凝土工艺

混凝土应按配合比配料，拌和均匀，常用机械拌和。灌注前，应检查混凝土的状态，如发生离析现象，在灌注前还要作二次拌和。

混凝土拌和后，应尽快浇筑。浇筑时应使混凝土充满所有角落并进行充分捣固，超挖部分亦同时在两侧对称回填。间歇灌注如间歇超过初凝时间，则应待其硬化再继续灌注，并要处理表面，先铺 5cm 砂浆再继续灌注。

有支撑需在灌注混凝土时拆除的，应逐步拆除，并密切观察围岩的动态，若围岩不稳定，则需进行支撑顶替作业。支撑顶替常用预制混凝土短柱和钢筋混凝土短梁，通过它们顶替需拆除的支撑，将地层压力传至拱架，它们通常就灌注在衬砌之中。

拱圈衬砌由两侧拱脚向拱顶对称灌进，间歇及封顶的层面应呈辐射状，如图 9-6 所示。

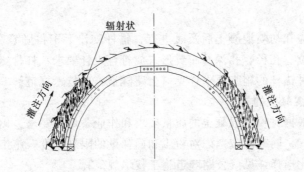

图 9-6 拱圈灌注

衬砌分段灌注的连接处或两洞贯通处的衬砌连接，均会出现所谓"死封口"。可先留出一正方形缺口，在进行表面凿毛清洗处理之后，将与缺口相同体积的混凝土装入活底木盒，用千斤顶顶入缺口内，待混凝土硬化后，拆除千斤顶及木盒，完成拱顶封口，如图9-7所示。

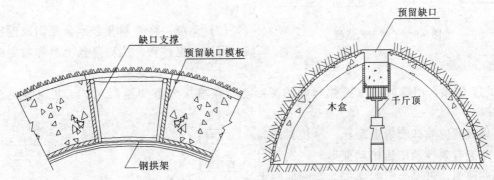

图 9-7 拱顶死封顶方法

先拱后墙法施工，拱与墙连接处也有墙顶封口问题，当墙用干硬性混凝土灌注时，可连续灌满封口，注意捣固密实。当墙用塑性混凝土灌注时，则要先留 10~20cm 空隙，如图9-8所示。在完成边墙浇灌后，经过24h再进行封口，封口应尽量采用干硬性混凝土，切实注意捣固密实。

### 9.3.1.3 养护及拆模

与其他混凝土结构一样，灌注完衬砌后需进行养护，通常于灌注后 10~12h 即应洒水养护，当隧道中湿度较大时也可不洒水，养护时间一般为 7~14d。寒冷地区，应做好衬砌的防寒保温工作。

拆除拱架、墙架、模板应在混凝土达到一定强度后进行，否则易造成开裂或破坏。具体的拆除要求应符合规范规定。

### 9.3.2 锚喷支护施工

#### 9.3.2.1 锚杆安设

锚杆的种类很多，常用的粘结型锚杆有金属砂浆锚杆、金属树脂锚杆等；机械型锚杆有楔缝式、胀壳式和滑模式锚杆等。锚杆的材料有钢杆的、木杆的和钢丝的。锚杆可以是预应力的，也

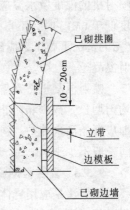

图 9-8 拱与墙连接处的墙顶封口

可以是普通受力锚杆。

锚杆安设作业应在初喷混凝土后及时进行，锚杆安设后不得随意敲击，其端部 3d 内不得悬挂重物。孔位、孔径、孔深及布置形式应符合设计要求，杆件露出岩面的长度不应大于喷层厚度，各种锚杆的施工要求详见《公路隧道施工技术规范》。

#### 9.3.2.2 喷射混凝土的施工

在施工时，应根据对喷射混凝土的质量要求和作业条件的要求，以及现场的维修养护能力等选定喷射方式，同时尚应考虑对粉尘和回弹量的限制程度。施工对材料的要求以及材料配合比与水灰比选择详见《公路隧道施工技术规范》。

喷射混凝土的工艺流程大致分为下列几种：

（1）干喷：用搅拌机将骨料和水泥拌和好，投入喷射机料斗同时加入速凝剂，将混合料输出，在喷头处加水喷出。工艺流程见图 9-9。

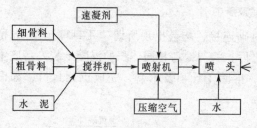

图 9-9 干喷工艺流程

（2）潮喷：将骨料预加水，浸润成潮湿状，再加水泥拌和，从而降低上料和喷射时的粉尘。

（3）湿喷：用喷射机压送拌和好的混凝土，在喷头上添加速凝剂，工艺流程见图 9-10。

爆破后应立即喷射混凝土，尽快封闭岩面，才能有效控制围岩松动变形。一次喷射厚度要适当，过厚会引起膨胀，影响混凝土的粘结力和凝聚力，容易造成离层或因自重而坠落，过薄则粗骨料不易粘结牢固，增加回弹量。当岩面有较大坑洼时，应先喷凹处，然后找平。

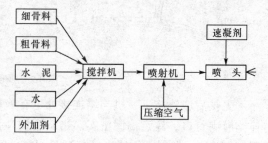

图 9-10 湿喷工艺流程

喷射混凝土作业区的气温和混合料进入喷射机的温度及水温应不低于 5℃。养护时，气温如低于 5℃时，不得浇水。喷混凝土强度低于 6MPa 时，不得受冻。这样才能使喷射混凝土成型及强度发展良好。如在气温低于 5℃的情况下施工，应经过试验，并采取保温综合性措施。另外，在结冰的层面上不得喷射混凝土。

喷射混凝土特别需要良好的养护，才能使水泥充分水化，使喷射混凝土的强度较快地均匀增长，减少和防止混凝土的收缩开裂，确保混凝土的质量。喷射混凝土终凝后 2h，即应开始洒水养护。初期应加强洒水次数以能使混凝土有足够的润湿状态为标准。养护时间一般不少于 7d。

### 9.3.3 复合衬砌施工方法（新奥法）

新奥法是应用岩体力学的理论，以维护和利用围岩的自承能力为基点，采用锚杆和喷射混凝土为主要支护手段，及时地进行支护，控制围岩的变形和松弛，使围岩成为支护体系的组成部分，并通过对围岩和支护的量测、监控来指导隧道和地下工程设计施工的方法。

新奥法施工顺序为：

当开挖面稳定时，施工顺序是：开挖断面→进行第一次柔性衬砌→施工量测（位移、应力等量测）→修筑防水层→进行第二次衬砌。

当开挖面不稳定时，施工顺序是：开挖弧形导坑→进行拱部的第一次柔性衬砌→开挖核心及侧壁→进行边墙的第一次柔性衬砌→开挖仰拱部分并修筑仰拱→施工量测（位移、应力等量测）→修筑防水层→进行第二次衬砌。

该法通过周密的量测工作，系统地控制坑道变形与应力，从而确定所建立的支护体系的受力情况，并不断加以修改、完善。

与前述方法相比，该法有如下特点：

(1) 支护为联合型复合衬砌。坑道开挖后迅速修筑第一次柔性衬砌，用以控制岩体初期变形，经量测确定围岩充分稳定后，修筑防水层及第二次衬砌。另外，通过设置锚杆可提高原岩体的整体强度；

(2) 第一次柔性支护与围岩共同工作，并允许有限制的变形，防止产生强大的松散土压，第二次衬砌基本上是不承载的；

(3) 以施工量测信息控制施工程序，并根据量测信息检验、修改和完善支护体系的设计。

在施工中，该法有许多变化方案，但其施工程序基本是一致的。一般情况下，该法可用于各类围岩。

## 9.4 塌方事故的处理

在地质不良区段修筑隧道，常会遇到洞顶围岩下塌、侧壁滑动等现象，甚至会发生冒顶等严重情况，这些现象在施工中称为塌方。塌方威胁人身安全，延误工期，使围岩更不稳定，故在施工中应预防其发生，发生塌方后应及时、迅速、妥善处理，减少塌方带来的危害。

### 9.4.1 造成塌方的原因及预防措施

塌方一般是由地质不良、设计定位不当、施工方法不正确等原因引起的。地质条件是造成塌方的基本因素，施工是引起塌方的直接因素。穿越断裂褶皱带或穿越严重风化破碎带、堆积层等，容易产生塌方。地下水往往也是造成塌方的重要因素，地下水丰富易造成塌方。

对于塌方应以防为主。首先，要认真做好勘查工作；此外，隧道位置选择应尽量避开不良地质区段，洞口位置选择要慎重，施工设计、支护设计要合理，要符合实际情况。

塌方是有一定征兆的，应当在施工中注意观察。观察到异常情况，应认真分析，交接班时要交待清楚，做好准备，及时处理。

### 9.4.2 塌方处理

处理塌方应按"小堵清，大塌穿"及"治塌先治水"的原则进行。

小塌方在隧道施工中较常遇到，容易支护和回填，以清为主；大塌方情况较复杂，宜采取先护后挖的方法，谨慎施工，稳妥前进（图9-11）。

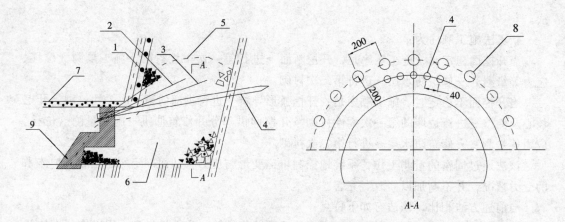

图 9-11 大规模塌方处理实例（单位：cm）

1—第一次注浆；2—第二次注浆；3—第三次注浆；4—管棚；5—塌线；
6—塌体；7—初期支护；8—注浆孔；9—混凝土封堵墙

通顶塌方是大塌方的极端情况，此时还需处理地表塌陷穴口，需把塌陷穴口支紧，以防继续扩大。塌陷穴口四周挖排水沟，防止地表水汇集塌陷坑，并用黏土类材料填实四周裂缝。穴口上方宜搭雨棚，以防雨雪灌入塌方体。地层极差时，在塌陷穴口附近地面应打设地表锚杆，洞内可采用管棚支护和钢架支撑。

## 思考题与习题

9-1 简述隧道常用开挖方法的特点及适用条件。

9-2 介绍常用掏槽的类型及适用条件。

9-3 如何确定炸药用量、炮眼数目及炮眼深度？

9-4 简述炮眼布置的要求及常用布置方法。

9-5 简述模筑混凝土衬砌施工的工艺过程。

9-6 简述喷射混凝土的喷射方法及工艺流程。

9-7 什么是新奥法？简述其施工特点。

9-8 造成塌方的原因有哪些？如何进行处理？

# 10 流 水 施 工

## 10.1 流水施工的概念

某工程在空间上可以划分成 $M$ 个独立的施工对象，完成每个施工对象都需要相同的 $N$ 个施工过程，则该工程可分解成 $M \times N$ 个工作，这 $M \times N$ 个工作在时间上的排列顺序由于分工形式的不同有很多种，比较典型的有三种：依次施工、平行施工、流水施工。

如图 10-1 所示，依次施工是当第一个施工对象完工后开始第二个对象的施工，这种方法同时投入劳动力和物质资源较少，但各专业工作队施工不连续、工期长。平行作业是所有对象同时施工，工期短，但劳动力和物质资源消耗量集中。流水施工是将不同对象保持一定间隔时间，陆续开工、陆续完工，各施工队（组）依次在各施工对象上连续完成各自施工过程。

流水施工的特点是：(1) 各专业队能连续作业，不窝工；(2) 资源使用均衡，有利于资源供应组织和管理；(3) 实现工期与成本的兼顾，经济效果好；(4) 能充分利用空间和时间；(5) 专业化施工有利于提高操作技术、工程质量和效率；(6) 为现场文明施工和科学管理提供良好条件。

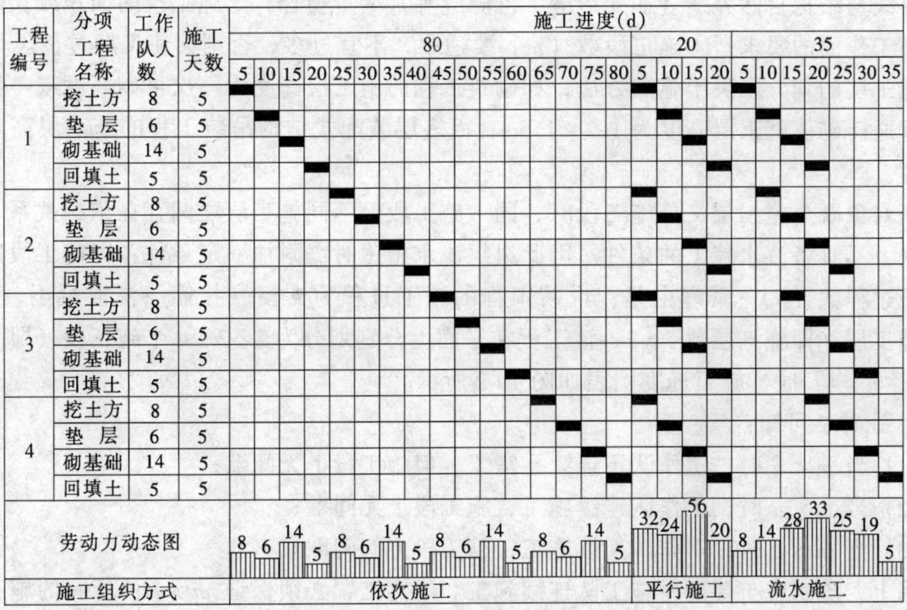

图 10-1 各种施工组织形式对比

流水施工是借用工业生产中的流水作业法，并在土木工程实践中证明是一种科学的施工组织方法。但在具体应用时要注意流水施工的应用条件。流水施工必须具备以下四个条件：
(1) 工程必须可分解为若干个施工对象；
(2) 每个对象可分解为若干个施工过程，且不同施工对象的施工过程相同；
(3) 在所有施工对象上，同样施工过程由同一专业施工队（组）承担、不同施工过程由不同专业施工队（组）承担，即专业化分工；
(4) 施工对象彼此独立。

施工时应尽量创造条件组织流水施工，对一个单位工程或某一分部工程来说，只是一个施工对象，不具备流水施工的条件，这时可通过划分施工段的方法把一个对象分解成若干个施工对象，从而使其具备流水施工的条件。

## 10.2 流水施工参数

### 10.2.1 施工过程数

各施工对象一般按占用工作面的主导工序来确定施工过程和施工过程数（$n$），如砌筑、扎筋、支模、浇混凝土等，而在工作面以外的施工场地内外的运输、制备类工序不作为流水施工的过程。

### 10.2.2 施工段数和施工层数

把施工对象在平面上划分成若干个劳动量大致相等的施工区域，称为施工段；把施工对象在竖向上划分为若干个作业层，称为施工层。

施工段划分的原则：①各施工段上的劳动量应大致相等（误差 < 10%~15%）；②施工段界线与结构自然界线（如变形缝、沉降缝等）尽量吻合；③施工段的面积或长度要大于最小工作面的要求；④施工段数（$m$）要适中，不宜过多，否则会使工期过长。

施工层的划分取决于施工方法，如砌筑工程的施工层高度为一次可砌高度或一步架高度，普通砖砌体施工层高度为 1.2~1.5m；而多层装配式结构吊装工程的施工层高度为柱的高度。

当对象既分施工层又分施工段时，同一施工段上不同施工层之间存在依赖关系，对象不独立，不具备流水施工的条件。因此组织流水施工时需附加一定条件：即施工段数要大于施工过程数（$n$）。其理由是：设某工程的施工过程为支模→扎筋→浇混凝土，$n = 3$；两个施工层，即施工层数 $l = 2$；该工程在平面上分别划分为 2、3、4 个施工段（即 $m = 2$、$m = 3$、$m = 4$）时，施工进度图表如图 10-2 所示。

由图 10-2 可知：
(1) 当 $m < n$ 时，工作队不连续，窝工，但施工段上无间歇；
(2) 当 $m = n$ 时，工作队连续施工，施工段上无间歇；
(3) 当 $m > n$ 时，工作队连续施工，施工段上有间歇。

综上，流水施工要确保施工队连续施工、不窝工，必须保证 $m > n$；若有的施工过程由多个施工队承担，总工作队数为 $\Sigma b$，则 $m$ 应满足 $m > \Sigma b$。

### 10.2.3 流水节拍

流水节拍是指专业工作队（组）在一个施工队上的施工持续时间。流水节拍有两种确定方法：一种是根据工期反算；另一种是根据施工段的工程量和现有能够投入的资源量

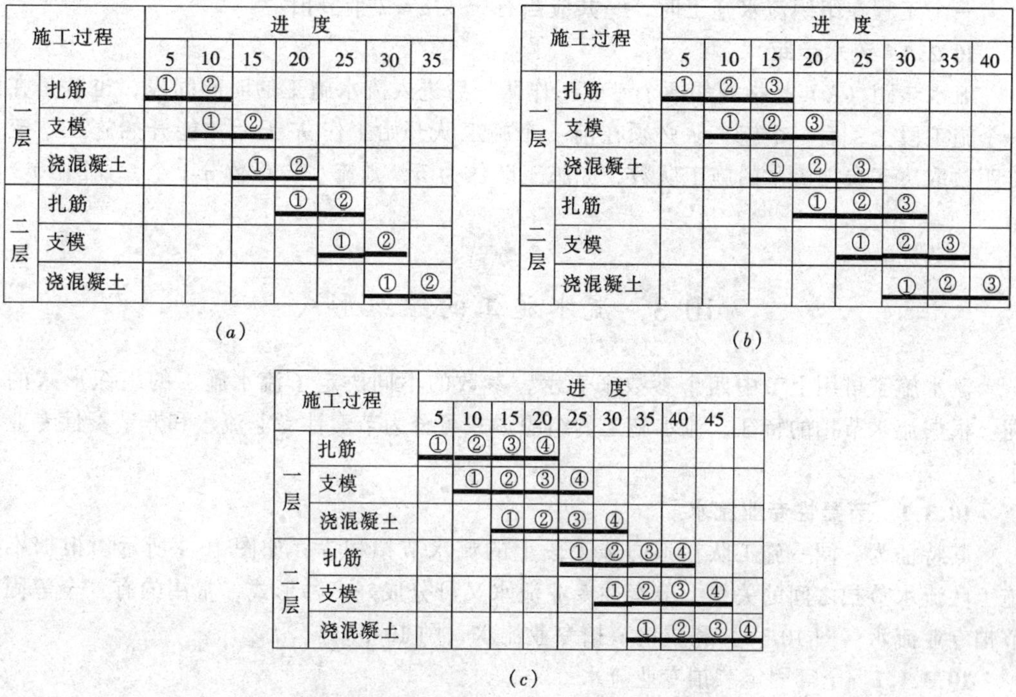

(a)

(b)

(c)

图 10-2 划分成不同施工段数时的施工进度
(a) $m=2$；(b) $m=3$；(c) $m=4$

（劳动力、机械台数）来确定，即：

$$t = \frac{Q}{SRN} = \frac{P}{RN} \tag{10-1}$$

式中 $Q$——工作队在施工段上的工程量；

$P$——工作队在施工段上需要的劳动量（工日数）或机械量（台班数）；

$S$——每工日或每台班的计划产量；

$R$——施工队的人数或机械台数；

$N$——每天工作班数。

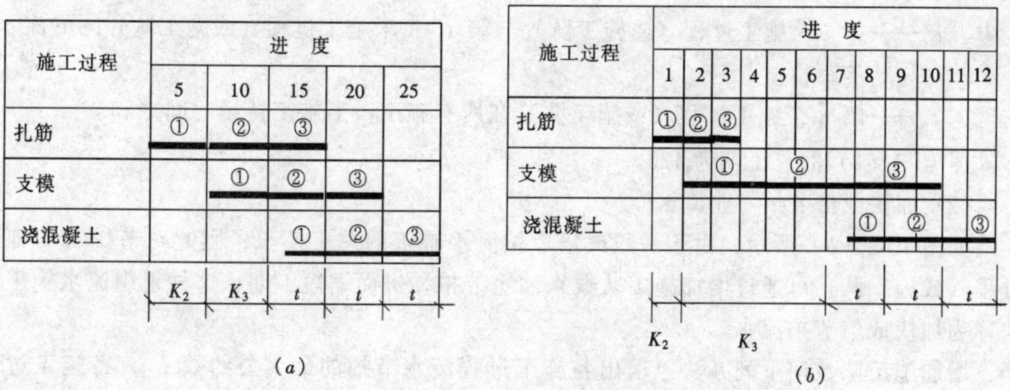

(a)

(b)

图 10-3 流水步距和流水节拍的概念与特征
(a) 全等节拍；(b) 成倍节拍

一个工程在组织流水施工时，一共应当有 $m \times n \times l$ 个节拍。

#### 10.2.4 流水步距

流水步距（$K$）是指相邻两个专业工作队先后进入流水施工的时间间隔，也就是在同一个施工段上，后一个施工队必须在前一个施工队开始工作 $K$ 天后才能开始施工。流水步距数取决于参加流水的施工队数，如施工队数为 $n$，则流水步距数 $n$-1 个，如图10-3所示。

## 10.3 流水施工的组织形式

流水施工可用上节中四个参数来表示，参数的不同决定了流水施工的组织形式的不同。根据流水节拍的特征，流水施工的组织形式可分为节奏性专业流水和非节奏性专业流水。

### 10.3.1 节奏性专业流水

其特征为，同一施工队在不同施工段上的流水节拍相等，如图10-3所示。根据不同施工队流水节拍之间的关系，节奏性专业流水又可分成好多种形式，常用的有：全等固定节拍专业流水（图10-3$a$）和成倍节拍专业流水（图10-3$b$）。

#### 10.3.1.1 全等固定节拍专业流水

如图10-3（$a$）所示，其特点是不仅同一施工队的节拍相等，而且不同施工队的节拍也相等。全等固定节拍流水施工的总工期为：

$$T = (m + n - 1)t \tag{10-2}$$

当然若在多层施工及施工有间歇时，该公式要有所变化。

#### 10.3.1.2 成倍节拍专业流水

（1）一般成倍节拍专业流水

不同施工队的流水节拍互成倍数关系，如图10-3（$b$）所示。$t_1 = 1$，$t_2 = 3$，$t_3 = 2$，即 $t_2 = 3t_1$，$t_3 = 2t_1$。

一般成倍节拍专业流水施工的总工期为：

$$T = \sum_{i=2}^{n} K_i + t_n \tag{10-3}$$

式中　$K_i$——第 $i$ 个施工过程（或施工队）与第 $i-1$ 个施工过程（或施工队）间的流水步距；

　　　$t_n$——第 $n$ 个施工过程（或施工队）在所有施工段上施工持续时间之和。

图10-3（$b$）的总工期为12d。

（2）加快成倍节拍专业流水

如图10-3（$b$）所示，由于一般成倍节拍流水施工的总工期长，因此对节拍长的施工过程（或施工队）可通过增加施工队数来缩短节拍，进而缩短工期，这种组织流水施工方法称为加快成倍节拍流水。

增加施工队数按下列办法：求出各施工过程流水节拍的最大公约数 $K_0$，各施工过程相应安排 $N_i = t_i / K_0$ 个工作队，则各施工过程要增加的施工队数为 $N_i - 1$；这时各工作队之间流水步距和流水节拍为 $K_i = t_i = K_0$，总工作队数为 $\Sigma b = \Sigma N_i$（注意：多层施工增加施

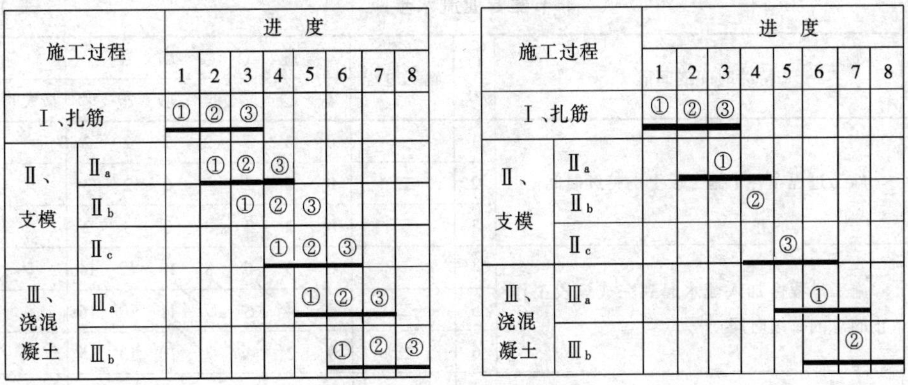

图 10-4 加快成倍节拍专业流水

工队数后要检查 $m$ 和 $\Sigma b$ 的关系,确保 $m \geq \Sigma b$),总工期为 $T = (m + \Sigma b - 1) \cdot K_0$。

图 10-3(b)所示工程,若采用加快成倍节拍专业流水施工则如图 10-4 所示,显然 $K_0 = 1$,$N_1 = 1$,$N_2 = 3$,$N_3 = 2$,总施工队数 $\Sigma b = 6$,总工期 $T = 8d$,比一般成倍节拍专业流水工期缩短了 4d。需要提醒的是:图 10-4(a)和(b)虽然都采用加快成倍节拍专业流水施工,但显然图 10-4(b)更简单、更符合实际。

### 10.3.2 非节奏专业流水

非节奏的实质是施工队在各个施工段上的节拍彼此不同。在组织非节奏专业流水时,确保各施工队能连续施工的关键是合理地确定流水步距。通常采用"累计加减计算法"计算流水步距,其步骤见表 10-1,对应的横道图进度图表见图 10-5。总工期为流水步距之和 $\Sigma K_i$ 与最后一个施工过程的持续时间 $t_n$ 之和,即 $T = \Sigma K_i + t_n = (3 + 5) + (2 + 2 + 3 + 3 + 3 + 2) = 23d$。

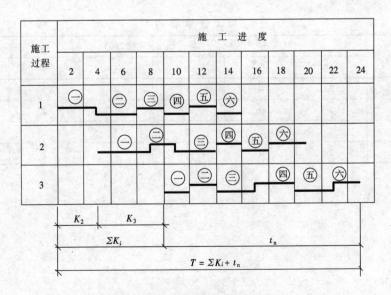

图 10-5 非节奏专业流水进度计划

非节奏专业流水步距计算　　　　表 10-1

| 步骤 | 持续时间或间隔 | 行号 | 施工过程 | 零 | 一 | 二 | 三 | 四 | 五 | 六 | 第四步 最大时间间隔(d) |
|---|---|---|---|---|---|---|---|---|---|---|---|
| 第一步 | 施工过程在各个施工段上的持续时间 | 1 | 一 | 0 | 3 | 3 | 2 | 2 | 2 | 2 | |
| | | 2 | 二 | 0 | 4 | 2 | 3 | 2 | 2 | 3 | |
| | | 3 | 三 | 0 | 2 | 2 | 3 | 3 | 3 | 2 | |
| 第二步 | 施工过程由加入流水起到完成该段工作止的总的持续时间 | 4 | 一 | 0 | 3 | 6 | 8 | 10 | 12 | 14 | |
| | | 5 | 二 | 0 | 4 | 6 | 9 | 11 | 13 | 16 | |
| | | 6 | 三 | 0 | 2 | 4 | 7 | 10 | 13 | 15 | |
| 第三步 | 两相邻施工过程的时间间隔 | 7 | 一和二 | | 3 | 2 | 2 | 1 | 1 | 1 | 3 |
| | | 8 | 二和三 | | 4 | 4 | 5 | 4 | 3 | 3 | 5 |

## 思考题与习题

10-1 解释如下概念：流水施工、平行施工、依次施工、流水步距、流水节拍、节奏流水、非节奏流水。

10-2 简述流水施工的优点和应用条件。

10-3 施工过程、施工段划分的原则是什么？

10-4 当对象既分施工层又分施工段时，施工段数如何划分？

10-5 施工层是否是结构层？为什么？

10-6 描述流水施工特征有哪些参数？

10-7 一般成倍节拍流水变为加快成倍节拍流水时，如何增加施工队？

10-8 已知各施工过程的流水节拍为：$t_1=2d$，$t_2=1.5d$，$t_3=3d$，施工过程数为3，施工段数为3，共有两个施工层。试组织流水施工、划分施工段、绘制水平和垂直图表。

10-9 如表 10-2 所示，编制该工程流水施工方案。要求做完垫层后，其相应施工段至少有 3d 的养护时间。

施工持续时间　　　　表 10-2

| 分项工程 | 持续天数(d) | | | | | |
|---|---|---|---|---|---|---|
| | ① | ② | ③ | ④ | ⑤ | ⑥ |
| 挖土 | 3 | 4 | 3 | 4 | 3 | 3 |
| 垫层 | 2 | 1 | 2 | 1 | 2 | 2 |
| 基础施工 | 3 | 2 | 2 | 3 | 2 | 3 |
| 回填 | 2 | 2 | 1 | 2 | 2 | 2 |

# 11 施 工 组 织

## 11.1 施工组织概述

### 11.1.1 什么是施工组织

为把土木工程产品建成,并实现施工的预期目标(工期、成本、质量等),需将工程任务分解,在此基础上,确定各子任务的分工、施工方法、开竣工时间、空间位置和路线等,从而使整个施工过程变随意性为确定性,变无序性为有序性,这类工作总和叫施工组织。

施工组织具体要回答和解决五个方面问题:(1)任务分解(What);(2)如何施工(How):即,材料(Material)、方法(Method)、设备(Machine)等; (3)由谁施工(Who);(4)何时施工(When);(5)在哪施工(Where)。为方便对施工组织的理解,参见图 11-1。

| 任务<br>(What) | | 如何施工<br>(How) | 由谁施工<br>(Who) | 何时施工<br>(When) | 在哪施工<br>(Where) |
|---|---|---|---|---|---|
| 基础 | 挖土 | | | | |
| | 垫层 | | | | |
| | 基础 | | | | |
| 主体 | ... | | | | |
| 装饰 | ... | | | | |
| ... | | | | | |
| | | ↓ | ↓ | ↓ | ↓ |
| | | 施工<br>技术方案 | 施工<br>人员组织 | 施工过程<br>在时间上的组织 | 施工过程<br>在空间上的组织 |

图 11-1 施工组织要回答和解决的问题

### 11.1.2 施工任务的分解

从工程规模上施工任务由大到小可分为:

(1)建设项目:在一个总体设计范围内,经济上施行独立核算、行政上具有独立的组织形式的建设固定资产的项目,如一座矿山、一所学校、一个小区等。

(2)单项工程:是建设项目的组成部分,具有独立的设计文件、竣工后能独立发挥生产能力或体现投资效益的工程,如一座办公楼、住宅楼等。

(3)单位工程:具有单独设计条件,可以单独组织施工,但完工后不能体现投资效益、发挥独立生产能力的工程，是单项工程的组成部分，如办公楼中的土建工程、设备安装工程等。

（4）分部工程：按单位工程部位划分，如基础工程、墙体工程、装修工程、屋面工程等，是单位工程的组成部分。

（5）分项工程：分部工程的组成部分，按施工方法或构件规格或材料种类的不同而划分，如基础工程可划分为挖土、垫层、砖基础、防潮层等。

另外，为便于施工组织，需将整个施工过程分成施工准备阶段和正式施工阶段；有时为了组织流水施工或平行施工还要进行施工段的划分。

### 11.1.3 施工组织的任务

在施工任务分解基础上，确定施工技术方案、施工人员组织方案、施工时间组织、施工空间组织等。技术方案为各分部分项工程施工技术（材料、设备、施工流程、技术标准、技术措施等）的综合与集成，它是一个由分到总的过程；施工人员组织是指组织机构和施工队组成与分工；施工时间组织是指施工进度计划；施工空间组织是指施工平面布置。

### 11.1.4 施工组织的原则

施工组织中确定各种方案，包括采用何种施工工艺、组织形式等，总的说来应遵循有利于施工目标的实现。把这一大原则具体化，并考虑到当前施工组织中存在的主要问题，重点应坚持以下原则：

（1）贯彻执行《建筑法》，坚持建设程序；
（2）合理安排施工程序；
（3）用流水作业法和网络计划技术组织施工；
（4）加强季节性施工措施，确保全年连续施工；
（5）贯彻工厂预制和现场预制相结合的方针，提高建筑工业化程度；
（6）充分发挥机械效能，提高机械化程度；
（7）采用国内外先进的施工技术和科学管理方法；
（8）合理部署施工现场，尽可能减少暂设工程。

## 11.2 施工组织设计概述

施工组织分两个阶段，施工组织设计阶段和按施工组织设计组织施工阶段（也是施工阶段）。施工组织设计是根据施工的预期目标和施工条件，选择最合理的施工方案，并以此为核心编制的用来全面规划和指导施工的技术经济文件。

### 11.2.1 施工组织设计分类

根据工程规模的大小，施工组织设计分为三类：
（1）施工组织总设计：是以一个建筑群或一个建设项目为编制对象。
（2）单位工程施工组织设计：是以一个单位工程为编制对象。
（3）分部（项）工程施工组织设计：是以分部（项）工程为编制对象。

单位工程施工组织设计要以施工组织总设计和企业施工计划为依据，把施工组织总设计具体化；分部（项）工程施工组织设计以施工组织总设计、单位工程施工组织设计和企业施工计划为依据,把单位工程施工组织设计进一步具体化,也叫分部(项)工程作业计划。

### 11.2.2 施工组织设计的内容及编制步骤

施工组织设计按以下内容和步骤进行编制:

(1) 施工项目的工程概况;

(2) 施工部署或施工方案;

(3) 施工进度计划;

(4) 各种资源需要量计划;

(5) 施工准备工作计划;

(6) 施工现场平面布置图;

(7) 质量、安全、工期、节约、文明施工等技术和组织上的保证措施;

(8) 各项主要技术经济指标。

### 11.2.3 施工组织设计的实施

施工组织设计在实施过程中应注意以下问题:

(1) 贯彻:通过做好施工组织设计交底、制定各项管理制度、推行技术经济承包制、做好施工准备等手段确保按施工组织设计施工;

(2) 检查和调整:施工组织不是一成不变的条文,因此对施工组织设计应本着不唯书不唯上的精神,通过经常性地检查各指标完成情况、平面图合理性,发现问题并分析原因,及时地对施工组织设计进行调整和改进。

## 11.3 施工准备工作

施工准备是施工组织和施工组织设计的一项重要工作内容,应当给予足够的重视。

### 11.3.1 施工准备工作的必要性和重要性

整个施工过程可以分成施工准备阶段和正式施工阶段,这也是施工任务分解的一种形式。如前所述,整个工程可以分解成各个子任务,即各个具体的施工工作,而每个施工工作又都可分成施工准备和正式施工两个阶段。施工准备工作的实质就是准备正式施工阶段所需的各施工要素。由于不同施工工作所需施工要素是彼此联系的,例如,水、电、道路、大宗材料等,而不是彼此独立的,因此施工准备工作也要整体考虑。

另一方面,每个施工工作的要素具有多样性,各要素准备工作量有大有小,准备时间有长有短,而施工的工期又是有限的。这就决定了如果每个施工工作等到要施工时再来准备,"现上轿现扎耳朵眼",不仅手忙脚乱,而且导致施工的经常性间断,不能按期完工。因此,有必要把那些工作量大、时间长、需要整体考虑的施工要素事先集中一段时间进行准备,从而简化施工过程中的准备工作量。这样做的好处是:使正式施工很从容,确保了施工的均衡和连续,并能够保证工期;而且在编制施工组织设计时可以首先集中精力考虑正式施工阶段的施工方案,然后根据施工方案再来集中考虑施工准备工作的安排。

实践证明:凡是施工准备工作做的充分,施工就会顺利;反之,就会给施工带来麻烦和损失,甚至带来灾难性的后果。

### 11.3.2 施工准备工作的分类

按施工准备工作的范围分为全场性施工准备、单位工程施工条件准备和分部(项)工程作业条件准备三种。

(1) 全场性施工准备：以整个工地为对象进行的施工准备，为全场性施工服务；

(2) 单位工程施工条件准备：以一个建筑物或构筑物为对象的施工准备，为单位工程施工服务；

(3) 分部（项）工程作业条件准备：以一个分部（项）工程为对象的施工准备，为分部（项）工程服务。

按工程所处的施工阶段分为开工前的施工准备、各施工阶段前的施工准备以及施工过程中各施工工作的施工准备三种。

(1) 开工前的施工准备：为开工创造条件，它一般是全场性的施工准备；

(2) 各施工阶段前的施工准备：工程开工后，每个施工阶段正式开工前所进行的施工准备，如主体施工前、装饰施工前的施工准备等；

(3) 施工过程中各施工工作的施工准备：对各项具体施工任务进行的施工准备，它贯穿于整个施工过程，主要根据施工资源计划进行准备。

### 11.3.3 施工准备工作的内容

主要介绍开工前或各施工阶段开工前的施工准备的内容。

(1) 技术准备

①熟悉与审查施工图纸；②原始资料的调查；③编制施工组织设计；④编制施工图预算和施工预算；⑤对新技术、新材料进行试验、检验、鉴定。

(2) 物资准备

①建筑材料的准备；②构（配）件、制品的准备；③施工机具、设备的准备。

(3) 劳动组织准备

①建立工地劳动组织的领导机构；②建立施工队组并组织劳动力进场；③向施工队、工人进行施工组织设计交底；④建立、健全各种管理制度。

(4) 施工现场准备

①场区施工测量并建立场区工程测量控制网；②施工现场的补充勘探；③"三通一平"，即通路、通水、通电和平整场地；④按照施工要求的临时设施和平面布置图，搭设临时设施；⑤组织物资进场；⑥冬、雨期施工设施。

按上述内容编制施工准备工作计划，并按计划及相应工作程序进行准备。满足计划的要求后，要及时填写开工申请报告，报主管部门，等待审批。

## 11.4 单位工程施工组织设计

### 11.4.1 单位工程施工组织设计的编制依据

单位工程施工组织设计编制依据如下：

(1) 施工组织总设计规定的各项指标；

(2) 建设单位（业主）的要求，包括开竣工日期、质量等级以及其他一些特殊要求；

(3) 地质与气象资料；

(4) 劳动力、施工机械、材料、预制构件、半成品、水、电的供应条件；

(5) 建设单位可提供的临时设施等；

(6) 各种规范。

**11.4.2 单位工程施工组织设计编制程序**

单位工程施工组织设计的编制程序如图11-2所示。

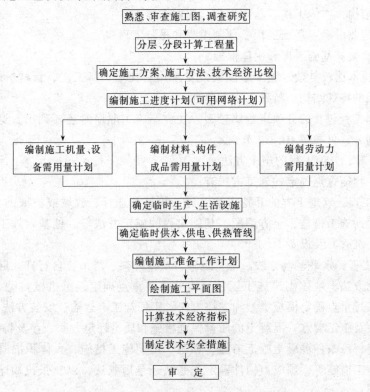

图11-2 单位工程施工组织设计的编制程序

**11.4.3 单位工程施工组织设计的具体内容和编制方法**

这里以建筑工程为例介绍单位工程施工组织设计的具体内容和编制方法。

**11.4.3.1 工程概况**

对施工条件和拟建工程作言简意赅的文字说明，同时附有拟建工程的平面、立面、剖面图。其内容主要有以下几点：

(1) 说明拟建工程的建设单位、建设地点、开竣工日期及工期、工程性质、用途和规模；工程造价；施工单位、设计单位。

(2) 建筑设计要说明拟建工程的平面形状、长、宽、总高、层数、建筑面积；屋面防水做法；内外装饰工程的做法；楼地面做法；门窗材料；消防、空调、环保的设计内容。

(3) 结构设计要说明基础构造和埋深；结构体系、类型及材料。

(4) 施工条件要说明材料和预制构件的供应情况；施工机械和机具的供应情况；劳动力的供应；现场临时设施的解决方法、现场的地质地貌、"三通一平"等情况。

**11.4.3.2 施工方案**

施工方案的拟定是单位工程施工组织设计的核心内容，其内容包括：分部、分项工程及施工阶段的划分；各分部、分项工程的施工方法（施工机械、施工工艺、施工技术措施）；分部工程之间以及分项工程之间的施工顺序。在制订施工方案时，通常要按上述内容确定几个施工方案，然后进行技术经济分析、比较，确定最终的施工方案。

(1) 主要分部、分项工程的划分及施工段的划分

建筑工程主要分部工程划分方法：

① 砖混结构：主体工程、基础工程、屋面工程；

② 单层工业厂房：基础工程、预制工程和吊装工程；

③ 多层框架：基础工程和主体框架；

④ 施工技术比较复杂、施工难度大或者采用新技术、新工艺、新材料的分部工程以及专业性很强的特殊结构、特殊工程要单列。

每一分部工程包含的分项工程比较多，在介绍施工顺序时还要列出，这里暂且忽略。至于施工段划分，可参考10.2.2节。

(2) 各分部、分项工程的施工方法

各分部工程需重点确定的施工方法有：

① 基础工程：确定土方的开挖方法、施工机械的选择、放坡或护坡的方法、地下水的处理、冬雨期施工措施、土方调配、基础工程的施工方法等。桩基础施工方法（挖孔、钻孔、爆扩、沉管）及设备。

② 主体工程：水平运输方法、垂直运输方法（井架、塔吊、自行杆式起重机）；脚手架类型和搭设方法；块体砌筑施工工艺；构件吊装重点确定起重机械类型、构件吊装工艺；混凝土工程重点确定模板类型和支撑方法，钢筋加工、运输、安装方法，混凝土的浇筑、振捣方法及施工要点，混凝土的质量保证措施和质量评定方法；涉及特殊条件混凝土施工还要拟定特殊条件混凝土施工措施，如冬、雨期施工措施，大体积混凝土施工措施，水下混凝土施工措施等；预应力构件确定先张法还是后张法，以及张拉顺序、张拉程序、张拉设备。

③ 防水与装饰工程：确定屋面防水工程、室外装饰、室内装饰门窗安装、油漆、玻璃的主要施工设备和工艺流程。

注意：在确定施工方法时还要考虑施工条件、工程规模、工期、质量要求等进行多方案的比较。

(3) 施工顺序

1) 确定分部工程之间顺序（施工程序）

一般原则：先地下、后地上，先主体、后围护，先结构、后装饰。

2) 确定各分项工程之间的顺序

①基础工程：挖地槽→混凝土垫层→砖基础→地圈梁→回填土。如有柱基础，在挖地槽前，进行桩基础工程施工。如有地下室，则应包括地下室结构、防水等施工过程。

②主体工程：多层砖混结构房屋主体工程的主导工程是：砌墙、安楼板、搭设脚手架、安门窗框、安门窗过梁、浇筑圈梁和现浇平板、楼梯等施工过程。另外，要考虑每栋房屋要划分2~3个施工段，尽量组织流水施工，使主导工程能连续施工；现浇结构包括柱扎筋、支模、浇混凝土，梁板扎筋、支模、浇混凝土等，同时考虑施工段的划分。

③室内、外装饰之间顺序：一般为先室外、后室内。其优点是免受天气影响、保证施工工期；保证室内装饰的质量，加快脚手架的周转使用；特殊情况也可以先室内，后室外，例如，高层建筑施工时，室内粗装修可以与主体工程间隔1~2层同时施工。

④室外装饰的施工顺序：一般为自上而下施工，同时拆除脚手架。

⑤室内抹灰的施工顺序：以一个或几个房间抹灰（独立施工单元）为一个分项工程时，各分项工程之间顺序为：自上而下、自下而上、水平自中而下再自上而中。自上而下的施工顺序是在主体工程封顶后做好屋面防水层，由顶层开始逐层向下施工。其优点是主体结构完成后，建筑物有一定的沉降时间，且室内抹灰的施工质量容易保证。因为屋面防水已做好，可防止雨水渗漏。另外，交叉工序少，工序之间相互影响小，便于组织施工和管理，有利于施工安全。其缺点是因为不能与主体工程搭接施工，故工期较长。该施工顺序常用于多层建筑的施工。自下而上的施工顺序是指与主体结构间隔1~2层，平行施工，所占工期较短。其缺点是交叉工序多，不利于组织施工和管理及安全。上层施工用水，容易渗漏到下层的抹灰上，室内抹灰的质量不容易保证。该施工顺序通常用于高层、超高层建筑或工期紧张的工程。自中而下再自上而中的施工顺序是指在主体结构进行到一半时，主体结构继续向上施工，而室内抹灰则向下施工。该顺序使抹灰工程距离主体结构施工的工作面越来越远，相互之间的影响减小，抹灰质量能够得到保证，同时也缩短了工期。该施工顺序常用于层数较多的工程。

⑥同一施工单元内顶棚、墙面、地面三个分项工程之间的顺序：地面→顶棚→墙面，其优点是室内清理简便，有利于收集顶棚、墙面的落地灰，节省材料。缺点是地面施工完成以后，需要一定的养护时间，才能再施工顶棚、墙面，工期拖长了，而且地面需要保护。顶棚→墙面→地面，其优点是工期短了。但施工时，如落地灰没清理干净，会影响地面抹灰与基层的粘结，造成地面起拱。

⑦门窗扇、油漆、玻璃之间顺序：这三项工程一般在室内抹灰全部完成以后进行，它们之间的顺序一般为安装门窗扇→刷油漆→安装玻璃。

某砖混结构各分项工程之间施工顺序如图11-3所示。

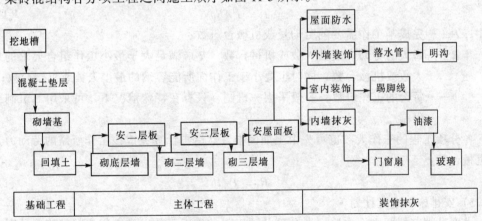

图11-3 某砖混结构各分项工程之间施工顺序

**11.4.3.3 单位工程施工进度计划**

单位工程施工进度计划是根据选定的施工方案，对单位工程中各分部（项）工程的施工顺序和施工时间做出安排。其表达形式有横道图和网络计划两种形式，横道图比较直观，网络计划更科学（网络计划技术详见第12章）。

施工进度计划的编制步骤如下：

1) 确定工程项目

对控制性进度计划,项目可以划分得粗些,列出分部工程中的主导工程就可以了。对实施性进度计划,工程项目划分必须详细而具体,除要列出各分部工程外,还应列出分项工程:如现浇混凝土工程,在划分为柱的浇筑、梁板的浇筑等项目后,还要分别将其分为支模、扎筋、浇混凝土、养护、拆模等项目。工程项目的划分还要根据具体的施工条件、施工方法,同时为了重点突出,将某些施工过程合并在一起。对于一些次要的、零星的施工过程,可合并为"其他工程"单独列项,在计算劳动量时综合考虑。

2) 计算工程量

工程量的计算应严格按照施工图和工程量计算规则进行。条件允许时,可直接利用预算文件中有关的工程量,若与某些项目不一致,可根据实际情况进行调整或补充,必要时重新计算。计算时要注意计量单位应与施工定额的计量单位一致,计算内容与施工方法相适应。

3) 确定劳动量(工日数)或机械台班数

各项目的工日数或机械台班数为:

$$P = Q/S 或 P = QZ \tag{11-1}$$

式中 $P$——劳动量(工日)或机械台班数(台班);

$Q$——工程量;

$S$——产量定额;

$Z$——时间定额。

注意:劳动定额或机械定额的取值,应根据实际水平确定。

4) 确定各施工过程的工作天数

根据劳动力人数或机械台数 $R$ 和每天工作班次 $b$ 计算单位工程各施工过程的工作天数 $t$:

$$t = P/Rb \tag{11-2}$$

式中 $P$——完成某工作需要的劳动量或机械台班数;

$R$——每天的劳动力出勤人数或机械台数,$R$ 应满足大于最小工作组合要求的最少人数或机械台数,同时也要小于工作面所能容纳的最多人数或机械台数;

$b$——每天的工作班数,一般采用一班制,只有在特殊情况下才可采用二班制或三班制。

各分项工程的工作天数也可先由工期倒推,然后再计算完成该工作所需的劳动力人数或机械台数:

$$R = P/tb \tag{11-3}$$

5) 安排施工进度计划

进度计划包括两方面内容:各分部分项工程的施工天数以及它们之间的施工顺序。在安排施工进度计划时应分清主次,优先确定主导施工过程的进度,其他施工过程配合主导过程。尽可能地组织流水施工,但将整个单位工程一起安排流水施工是不可能的,可以分两步进行:先将单位工程分成若干分部工程(如建筑工程可分成基础、主体、装饰等),分别确定各分部工程的流水施工进度计划;再将各分部工程的进度计划相互协调、搭接起来,组成总的单位工程施工进度计划。

单位工程施工进度计划实例,如图11-4所示。

| 编号 | 工程名称 | 量度单位 | 工程数量 | 产量定额规定值 | 采用值 | 劳动力需要量总量(工日或台班) | 每天出勤人数 | 工程延续天数 | 机械名称 |
|---|---|---|---|---|---|---|---|---|---|
| 1 | 准备工作 | | | | | | | | |
| 2 | 人工开挖基槽 | m³ | 600 | 6.1 | | 96 | 96 | 6 | |
| 3 | 碎砖三合土垫层 | m³ | 90 | 1.2 | | 84 | 84 | 6 | |
| 4 | 砌筑砖基础 | m³ | 99 | 1.36 | | 72 | 72 | 6 | |
| 5 | 墙基回填土 | m³ | 402 | 5.5 | | 72 | 72 | 6 | |
| 6 | 砌四层砖墙和安装门窗框 | m³ 搅 | 707 324 | 1.15 1.30 | | 600 24 | 600 24 | 24 24 | |
| 7 | 楼板及楼梯安装 | 块 | 1569 | 5.49 | | 336 | 336 | 24 | |
| 8 | 楼板灌缝 | m³ | 2480 | 21.0 | | 120 | 120 | 24 | |
| 9 | 木隔墙安装 | m³ | 1190 | 12.4 | | 96 | 96 | 24 | |
| 10 | 门扇安装和窗扇安装 | 扇 | 291 186 | 4.8 10.0 | | 72 | 72 | 24 | |
| 11 | 吊顶棚平顶 | m³ | 472 | 15.0 | | 48 | 2 | 24 | |
| 12 | 屋顶等现浇混凝土 | m³ | 19.5 | 0.6 | | 30 | 5 | 6 | |
| 13 | 屋顶顶防水层 | m³ | 650 | 13.0 | | 48 | 8 | 6 | |
| 14 | 外墙抹灰 | m³ | 1650 | 8.2 | | 180 | 5 | 36 | |
| 15 | 顶棚平顶抹灰 | m³ | 1860 | 11.4 | | 216 | 6 | 36 | |
| 16 | 内墙抹灰 | m³ | 5225 | 13.8 | | 468 | 13 | 36 | |
| 17 | 水泥粉地坪 | m³ | 440 | 1.78 | | 36 | 1 | 36 | |
| 18 | 木企口地板安装 | m³ | 1175 | 8.22 | | 648 | 18 | 36 | |
| 19 | 门窗油漆 | m³ | 515 | | | 72 | 2 | 36 | |
| 20 | 电气安装 | 2% | | | | 92 | 2 | 46 | |
| 21 | 卫生设备安装 | 5% | | | | 156 | 4 | 39 | |
| 22 | 其他 | 15% | | | 5.16 | | 6 | 86 | |

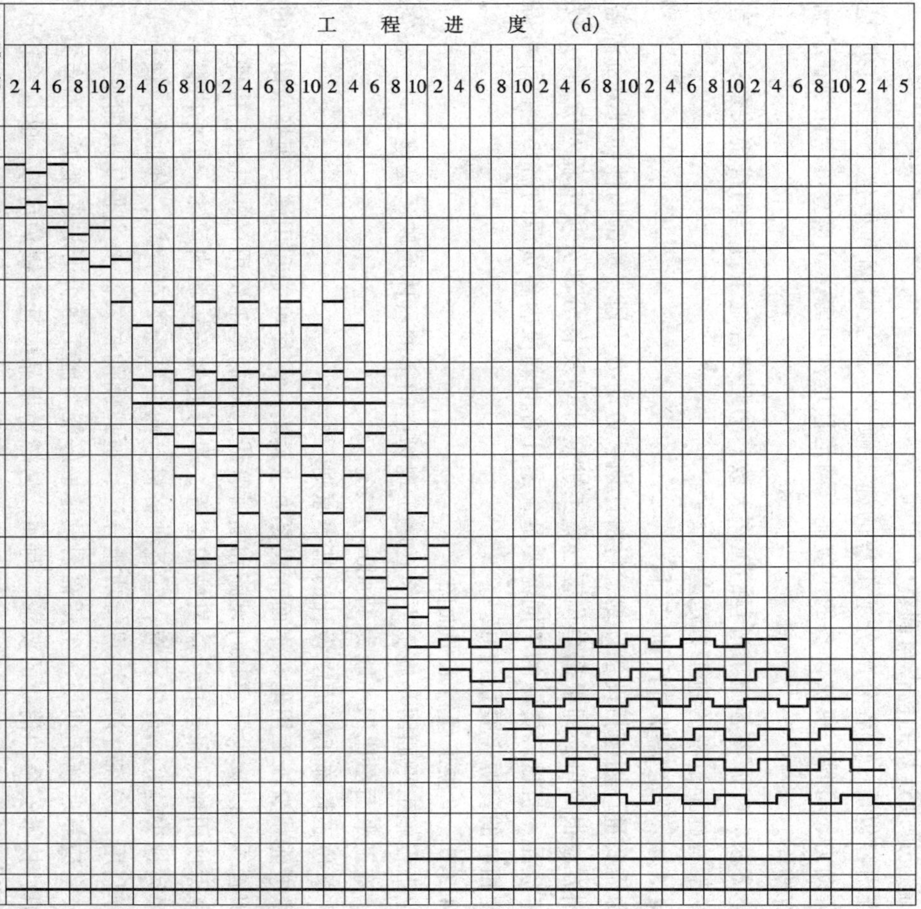

图 11-4 某单位工程施工进度计划

6) 施工进度计划的检查与调整

检查内容包括：①各分部分项工程的施工顺序、施工时间和单位工程的工期是否合理；②劳动力、材料、机械设备的供应能否满足且是否均衡；③检查进度计划在绘制过程中是否有错误。

调整方法：①调整各施工过程的工作天数；②调整各施工过程的搭接关系；③有时甚至要改变某些施工过程的施工方法。

#### 11.4.3.4 资源需要量计划

资源需要量计划包括设备计划、材料计划、劳动力计划、预制构件计划。资源需要量计划编制方法很简单，即根据单位工程施工进度计划及各分部分项工程对劳动力、材料、成品、半成品、机械等资源的不同需要量，累计各时间段内各资源的需要量，即可得到与施工进度相应的资源需要量计划。

#### 11.4.3.5 单位工程施工平面图

单位工程施工平面图是施工方案在施工现场空间上的具体反映，是施工过程在空间上的组织。施工平面图比例一般为 1:500～1:200。

(1) 单位工程施工平面图设计的基本原则

①尽可能减少施工用地，平面布置要力求紧凑；②尽可能利用施工现场或附近的原有建筑物和管线，以减少新建临时设施和临时管线，降低施工费用；③材料、构件的堆场应尽可能靠近使用地点和垂直运输机械的位置，尽可能地缩短场内运输；④场内材料、构件的二次搬运越少越好，最好没有；⑤各种材料、构件进场要有计划、分批次，使施工场地得到充分利用；⑥临时设施要进行功能分区，彼此间的位置，要方便工人的生产、生活，如：办公室应靠近施工现场，生活福利设施最好能与施工区分开；⑦施工平面布置要符合劳动保护、技术安全和消防的要求，例如，易燃易爆品应远离锅炉房等；⑧应多设计几个施工平面布置方案，以便进行施工平面图方案的比较，比较的指标包括施工用地面积、临时道路和管线长度、临时设施的面积和费用等，然后择优采用。

(2) 单位工程施工平面图的内容和设计步骤

1) 确定垂直运输机械的位置

垂直运输机械是施工的咽喉，它的位置直接影响搅拌站、材料堆场、仓库的位置及场内运输道路和水电管网的布置，因此必须首先确定。

①固定式垂直运输机械（井架、龙门架、固定式塔吊等）的布置

总的原则是充分发挥起重机械的能力，并使地面和楼面的运输距离最小；确定的依据是机械的运输能力和性能、建筑物的平面形状和大小、施工段的划分、材料的来向和已有运输道路。具体布置方法如下：当建筑物各部位的高度相同时，布置在施工段的分界处；当建筑物各部位的高度不相同时，布置在高低分界处，从而使楼面上各施工段水平运输互不干扰；井架、龙门架最好布置在有窗口的地方，以避免墙体留槎，减少井架拆除后的修补工作；井架的卷扬机不应距离起重机过近，以便司机的视线能够看到整个升降过程；点式高层建筑，可选用附着式或自升式塔吊，布置在建筑物的中间或转角处。

②有轨式起重机械的轨道布置

总的原则是尽量使起重机的工作幅度能够将材料和构件直接运至建筑物的任何地点，尽量避免出现"死角"，并在满足施工的前提下，争取轨道长度最短。确定的依据是建筑

物的平面形状、尺寸和周围场地的条件。具体布置时，起重机轨道通常在建筑物的一侧或两侧，必要时还需增加转弯设备；如出现"死角"，可加井架解决。

2）确定搅拌站、加工棚、材料、构件、半成品的堆场及仓库的位置

①搅拌站布置：将搅拌机布置在混凝土使用地点或起重机械附近；搅拌机的位置要靠近场地运输道路，且与场外运输道路相连，以保证大量的混凝土材料顺利进场。

②材料、构件的堆场位置：建筑物基础和第一层施工所用的材料，应该布置在建筑物的周围，并与基槽（坑）边缘保持一定的安全距离，以免造成土壁塌方事故；第二层以上直接由垂直运输机械运输的施工材料，应布置在垂直运输机械附近；砂、石等需要搅拌后运输的材料，尽量布置在搅拌机的周围；确定多种材料同时布置时的主次安排时，使大宗的、重量大的和先期使用的材料，距离使用地点或起重机近一些，少量的、重量轻的和后期使用的材料，距离使用地点或起重机远一些。

需要注意的是材料不是一股脑儿同时进场，而是分阶段进场。不同施工阶段，在同一位置上可先后堆放不同材料。例如：砖混结构基础施工阶段，建筑物周围可堆放毛石，而在主体结构施工阶段，在建筑物周围可堆放标准砖。考虑时间上的阶段性可使施工场地得到充分有效地利用，使占地面积小。

③木工房和钢筋加工车间可布置在建筑物四周较远的地方，且要有一定的材料、成品堆放场地。

3）布置运输道路

尽可能利用永久性道路，或先建好永久性现场道路；在有条件的情况下，出入口应分开布置，减少倒车和拐弯次数；道路应能直接到达材料堆场；道路最好围绕建筑物呈环形布置；单行道路的宽度一般不小于3.5m，双行道路宽度不小于6m。

4）行政、生活、福利用临时设施的位置

单位工程现场临时设施包括办公室、工人宿舍、加工车间、仓库等。布置原则要满足使用方便，并符合消防要求，减少临时设施费用。其布置方法有：将生活区与施工区分开，以免相互干扰；办公室应靠近现场，便于管理；出入口设门卫等。

5）布置水电管网

①临时给水管网

水源：建筑工地的临时供水管一般由建设单位的干管或自行布置的干管接到用水地点。

管网平面布置：应环绕建筑物布置，使施工现场不留"死角"，并力求管网总长度最短。

管径与龙头：管径的大小和龙头数目的设置需视工程规模大小通过计算而定。

管网立面布置：管道可埋于地下，也可铺设在地面上，以当时当地的气候条件和使用期限的长短而定。

消防栓：消防栓距离建筑物不应小于5m，也不应大于25m，距离路边不大于2m。

蓄水池或高压水泵：为防止停水，可在建筑物附近设置简单蓄水池，储存一定数量的生产和消防用水。若水压不足，还需设置高压水泵。

②排水

尽量接通永久性下水道，并结合现场地形在建筑物周围设置排泄地面水和地下水的沟

渠。

③临时供电

作为项目群中的单位工程，其施工用电应在整个工地施工总平面图中一并考虑。独立的单位工程施工，应通过计算施工期间的用电总数，与建设单位协商，决定是否另设变压器。变压器的位置应布置在现场边缘高压线接入处，四周用铁丝网围住，不宜布置在交通要道路口。

单位工程施工平面图实例，如图11-5所示。

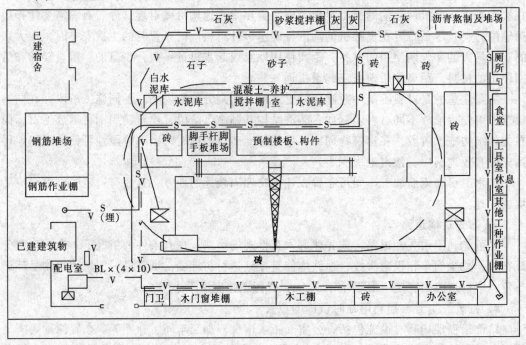

图11-5 某单位工程施工平面图

**11.4.3.6 质量、工期、安全、节约、文明保证措施**

确保质量、工期、安全、节约、文明是施工追求的目标，这些施工目标的实现离不开科学的施工方案、周密的施工计划、合理的平面布置。但只有这些，目标未必就一定能实现。因为在施工过程中还有很多不可预见的因素发生，有时，只要一个因素就足以使施工过程失败，使施工成果付之东流。为此，做施工组织设计时不能只想着趋利，而忘记了避害，必须事先对可能出现的问题提前判断，并提出预防和防治措施，确保施工工作的最后胜利。各项保证措施就是针对可能出现的问题提出来的，它是施工方案、计划、平面布置的必要补充和保证。

各项保证措施一定要围绕着施工目标来制定，如质量保证措施、安全保证措施、节约保证措施、工期保证措施等等。

措施包括两方面：一是技术措施，二是组织措施。

下面以某单位工程安全、文明施工措施为例，介绍其中部分内容，供大家参考：

（1）成立以项目经理为组长，安全员为主，管理层为辅的安全领导小组。各专业作业层设兼职安全员，项目设2名专职安全员，形成一个安全管理体系。

(2) 认真具体地对作业层进行安全书面交底。工长下达生产任务时阐明安全要求，并随时检查，发现问题及时整改。

(3) 搞好职工安全教育，使施工人员熟知本工种的安全技术规程，并严格执行。

(4) 电工、焊工、机械操作工等特殊工种，必须经过专业训练，持有操作证方可上岗操作。

(5) 现场入口悬挂"建筑现场施工纪律"牌，挂好安全宣传牌和安全标志牌。

(6) 外脚手架必须使用合格的材料，搭设支撑牢固，并加设安全网。在主楼施工阶段，升降外脚手架用竹笆全封闭施工，并安装防坠装置。

(7) 高空作业必须系安全带。材料起吊过程中，塔臂旋转范围内严禁非施工人员通行，吊运材料就位固定后，方能松动钢丝绳。

(8) 禁止从高空往下抛掷物件，特别是外脚手架上的操作，要及时清扫，工完场清，以免物体下落伤人。

(9) 基坑施工时，基坑周围须搭设防护栏。查清基坑内原有水、煤气管道时切断或堵住水源、气源，严禁施工地点用明火。

(10) 路侧高压线处防护架按设计图设置，并将该方案交供电部门及市容整顿部门审批，批准后方可施工。

(11) 施工场区内全部采用混凝土路面，实现硬地法施工。

(12) 安排专人负责现场整洁、整理等文明工作。

上述措施中，(6)、(7)、(9)、(10)、(11) 为技术措施，其他为组织措施。

其他保证措施，大家可根据上述思路，参考相关工程和施工规范来制订，这里篇幅所限，不再赘述。

## 思 考 题 与 习 题

11-1 什么是施工组织、什么是施工组织设计？

11-2 施工组织的任务和设计的内容有哪些？

11-3 区别下列概念：建设项目、单位工程、单项工程、分部工程、分项工程。

11-4 编制单位工程施工组织设计的主要依据有哪些？

11-5 单位工程施工组织设计的内容有哪些？

11-6 确定施工方案需要考虑哪几方面的内容？

11-7 单位工程施工进度计划的编制步骤？

11-8 单位工程各分部分项工程的工作日如何计算？劳动定额的取定要考虑哪些问题？

11-9 单位工程施工平面图的内容有哪些？

11-10 单位工程施工平面图的设计步骤有哪些？

# 12 网络计划技术

网络计划是用网络图表示各工作开展方向和开工、竣工时间的进度计划。相对原来用横道图表示的计划，它是另外一种形式，但它反映的内容更丰富、功能更完善，是发达国家比较盛行的一种现代计划管理的科学方法。

网络计划技术种类很多，本章只研究逻辑关系和工作持续时间都为肯定型的关键线路法网络计划技术（CPM）。

## 12.1 双代号网络计划

### 12.1.1 双代号网络图的构成和基本符号

如图 12-1 所示，双代号网络图由工作、节点和线路三个基本要素组成。

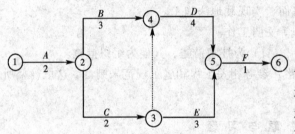

图 12-1 双代号网络

#### 12.1.1.1 工作

（1）工作

一项工程分解成若干工作，工作用一根箭线和两个节点（双代号）来表示，尾节点表示工作开始，箭头节点表示工作结束。工作名称代号写在箭线上方，工作持续时间写在箭线下方。

（2）虚工作

工作需要消耗资源和时间，可是有时为了正确表达逻辑关系或绘图方便规整，需要引入虚箭线表示虚工作。它只表示相邻前后工作之间的逻辑关系，而本身既不消耗资源也不消耗时间，图 12-1 中③……→④为虚工作。

（3）工作关系

图 12-1 中，设 $C$ 为本工作，则 $A$ 为 $C$ 的紧前工作，$E$ 为 $C$ 的紧后工作，$B$ 为 $C$ 的平行工作。

#### 12.1.1.2 节点（事件）

节点是相邻两工作的交接点，用圆圈表示。它有双重含义，既表示前一工作的结束又表示后一工作的开始。它不消耗时间和资源，只是一个状态或一个时刻。网络图包括一个初始节点（如图 12-1 中①）、一个终节点（如图 12-1 中⑥）和若干个中间节点（如图 12-1 中② ~ ⑤）。

#### 12.1.1.3 线路

网络图中从初始节点沿箭线方向，通过一系列箭线和中间节点到达终节点的路径称为线路。线路上所有工作持续时间之和为该线路工期，在有多条线路的网络图中，持续时间最长的线路称为关键线路,位于关键线路上的工作称为关键工作。其他线路为非关键线路,非关键线路上的工作为非关键工作。图 12-1 中 ABDF 为关键线路,ACEF 为非关键线路。

### 12.1.2 双代号网络图绘制

#### 12.1.2.1 绘图规则

(1) 正确表达逻辑关系;(2) 避免循环线路,如图 12-2(a)所示;(3) 严禁双向箭头和无箭头,如图 12-2(b)所示;(4) 严禁无箭头节点或无箭尾节点,如图 12-2(c)所示;(5) 不允许出现节点编号相同的箭线,如图 12-2(d)所示;(6) 尽量避免交叉,如图 12-2(e)所示,如避免不了可用过桥法表示;(7) 只允许有一个初始节点和一个终节点,如图 12-2(f)所示。

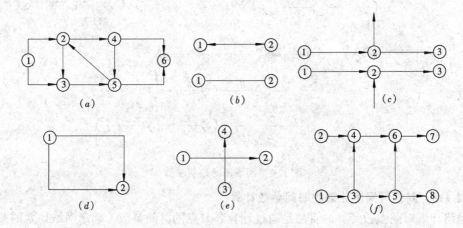

图 12-2 常见绘图错误

#### 12.1.2.2 绘图步骤

(1) 把工程任务分解成若干工作,并根据施工工艺和施工组织要求确定各工作的逻辑关系;

(2) 列出各工作及各工作的紧前工作;

(3) 从无紧前工作的工作开始,依次在某工作后划出紧前工作为该工作的各工作,在绘制过程中注意虚工作的引入;

(4) 对初始绘制网络图进行检查和调整。

【例 12-1】 某基础工程分挖土、混凝土垫层、砖基础三个分项工程,分三个施工段;从一段开始,到三段结束,流水施工。试绘制该基础工程的网络图。

【解】 该基础工程实质分为 9 项工作,其工作名称、代号及关系如表 12-1 所示。

某工程工作关系　　　　　　　　　　表 12-1

| 工作名称 | 挖$_1$ | 挖$_2$ | 挖$_3$ | 垫$_1$ | 垫$_2$ | 垫$_3$ | 基$_1$ | 基$_2$ | 基$_3$ |
|---|---|---|---|---|---|---|---|---|---|
| 代　号 | $A_1$ | $A_2$ | $A_3$ | $B_1$ | $B_2$ | $B_3$ | $C_1$ | $C_2$ | $C_3$ |
| 紧前工作 | — | $A_1$ | $A_2$ | $A_1$ | $A_2$、$B_1$ | $A_3$、$B_2$ | $B_1$ | $B_2$、$C_1$ | $C_2$、$B_3$ |

该网络图绘制步骤如图 12-3 所示。要注意第五步绘制的网络图有错误:$A_2$ 成了 $C_1$ 的紧前工作,$A_3$ 成了 $C_2$ 的紧前工作。这是不对的,需要进行调整,如图 12-3 第六步所示。

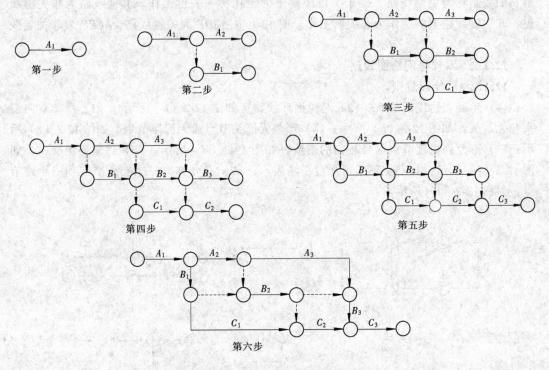

图 12-3 网络图的绘制步骤

**12.1.3 双代号网络计划的时间参数计算**

网络计划时间参数计算的目的是通过计算各节点的时间参数,确定网络计划的关键线路、关键工作、计算工期及各工作时差,从而为网络计划的优化、调整提供科学依据。网络计划时间参数计算方法很多,包括图上计算法、电算法等,各方法原理都相同,只是表达形式不同而已,这里只介绍图上计算法。

**12.1.3.1 双代号网络图中的时间参数种类及代表符号**

(1) 各节点的最早时间 $ET_i$;(2) 各节点的最迟时间 $LT_i$;(3) 各工作的最早开始时间 $ES_{i-j}$;(4) 各工作的最早完成时间 $EF_{i-j}$;(5) 各工作的最迟开始时间 $LS_{i-j}$;(6) 各工作的最迟完成时间 $LF_{i-j}$;(7) 各工作总时差 $TF_{i-j}$;(8) 各工作自由时差 $FF_{i-j}$。

**12.1.3.2 各时间参数的计算**

(1) $ET_j$ 的计算

$ET_j$ 是指以 $j$ 节点为开始节点的各工作的最早开始时间,按网络图中编号由小到大顺序进行计算。节点 $j$ 前各节点用 $i$ 表示,工作 $i-j$ 的持续时间为 $D_{i-j}$,则节点 $j$ 的最早时间为:

$$ET_j = \max\{ET_i + D_{i-j}\} \tag{12-1}$$

(2) 确定网络计算工期 $T_C$

令初始节点 $ET_1 = 0$,则网络终节点的最早时间即为计算工期,即 $T_c = ET_n$($n$ 为终节点编号)。

(3) 节点最迟时间 $LT_i$ 的计算

节点最迟时间是指以 $i$ 节点为完成节点的各工作在保证工期条件下最迟完成时间。设最终节点最迟时间 $LT_n = T_c$（或要求工期），从网络计划的终节点开始，按编号由大到小顺序依次计算各节点的最迟时间，令 $i$ 节点紧后各节点用 $j$ 表示，则

$$LT_i = \min\{LT_j - D_{i-j}\} \tag{12-2}$$

（4）各工作的最早开始时间 $ES_{i-j}$ 的计算

$ES_{i-j}$ 是指紧前工作都完成之后，本工作 $i-j$ 最早可能开始的时间。根据节点最早时间的定义，显然

$$ES_{i-j} = ET_i \tag{12-3}$$

（5）各工作的最迟完成时间 $LT_{i-j}$

$LT_{i-j}$ 是指工作 $i-j$ 在不影响工程按期完工的前提下，最迟必须完成的时间，根据节点最迟时间的定义，显然

$$LF_{i-j} = ET_j \tag{12-4}$$

（6）各工作最早完成时间 $EF_{i-j}$

$$EF_{i-j} = ES_{i-j} + D_{i-j} \tag{12-5}$$

（7）各工作的最迟开始时间 $LS_{i-j}$

$$LS_{i-j} = LT_{i-j} - D_{i-j} \tag{12-6}$$

（8）各工作的总时差 $TF_{i-j}$

工作总时差是指不影响工期的前提下，工作 $i-j$ 所具有的机动时间。

$$TF_{i-j} = LS_{i-j} - ES_{i-j} = LF_{i-j} - EF_{i-j} = LF_{i-j} - ES_{i-j} - D_{i-j} \tag{12-7}$$

（9）工作自由时差 $FF_{i-j}$

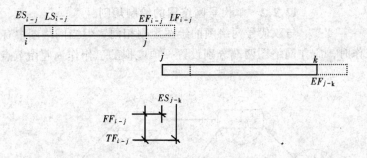

图 12-4　总时差和自由时差计算原理

工作自由时差是指在不影响工期且不影响紧后工作最早开始时间的前提下，该工作所具有的机动时间。如图 12-4 所示，工作自由时差 $FF_{i-j}$ 为：

$$FF_{i-j} = ES_{j-k} - EF_{i-j} = ES_{j-k} - ES_{i-j} - D_{i-j} = ET_j - ET_i - D_{i-j} \tag{12-8}$$

显然，$FF_{i-j}$ 是 $TF_{i-j}$ 的一部分，在总时差范围内调整工作的开工时间对总工期不会有影响；在自由时差内调整工作开工时间不仅对总工期没影响，而且对紧后工作也没影响。

（10）确定关键线路和关键工作

总时差 $TF_{i-j} = 0$ 的各工作皆为关键工作，所有关键工作连接而成的线路为关键线路。某工程网络计划用图上计算法计算的时间参数如图 12-5 所示。

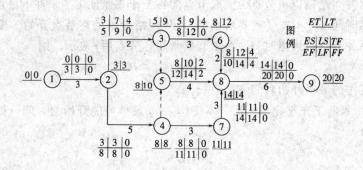

图 12-5 图上计算法实例

## 12.2 单代号网络计划

### 12.2.1 单代号网络图的构成及基本符号

单代号网络图由许多节点和箭线组成,与双代号网络图不同,节点表示工作而箭线仅表示各工作之间的逻辑关系。它与双代号网络图相比,不用虚箭线,网络图便于检查和修改。

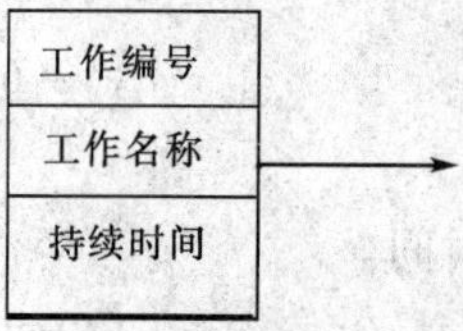

节点:可用圆圈或方框表示,如图 12-6 所示,节点表示的工作名称、持续时间、节点编号一般都标注在圆圈或方框内。节点编号方法与双代号网络图相同。

图 12-6 双代号网络图的节点

箭线:用实线、箭头方向表示工作的先后顺序。

### 12.2.2 单代号网络图的绘制规则

与双代号网络图的绘图规则相同,但当网络图中有多项起始工作或多项结束工作时,应在网络图两端分别设置一项虚拟的工作作为起始节点或终节点,如图 12-7 所示。

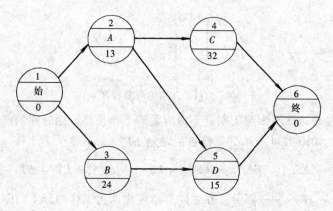

图 12-7 具有虚拟节点的单代号网络图

### 12.2.3 单代号网络图时间参数计算

(1) 工作最早开始时间 $ES$ 和最早完成时间 $EF$ 的计算

令初始工作最早开始时间 $ES_0 = 0$，由 0 节点开始，按编号由小到大顺序依次计算各节点的最早开始时间：

$$ES_j = \max\{ES_i + D_i\} \tag{12-9}$$

$$EF_i = ES_i + D_i \tag{12-10}$$

式中　$ES_j$——$j$ 节点（工作 $j$）的最早开始时间；

　　　$ES_i$——工作 $j$ 的各个紧前工作 $i$ 的最早开始时间；

　　　$D_i$——工作 $i$ 的持续时间；

　　　$EF_i$——工作 $i$ 的最早完成时间。

（2）工作之间的时间间隔与工作的时差计算

①相邻工作 $i$ 与 $j$ 之间的时间间隔 $LAG_{i-j}$

相邻工作之间时间间隔是指紧前工作 $i$ 的最早完成时间 $EF_i$ 与其紧后工作 $j$ 的最早开始时间 $ES_j$ 之差，用 $LAG_{i-j}$ 表示：

$$LAG_{i-j} = ES_j - EF_i \tag{12-11}$$

②工作 $i$ 的自由时差 $FF_i$

工作 $i$ 的自由时差，等于工作 $i$ 与其各个紧后工作 $j$ 的时间间隔中的最小值，即：

$$FF_i = \min\{LAG_{i-j}\} \tag{12-12}$$

③工作 $i$ 的总时差 $TF_i$

从网络图终节点开始逆箭线方向逐个计算，令结束工作的总时差 $TF_n = 0$，其他工作总时差按下式计算（设 $j$ 为 $i$ 的紧后工作）：

$$TF_i = \min\{LAG_{i-j} + TF_j\} \tag{12-13}$$

（3）工作的最迟开始时间 $LS$ 和最迟完成时间 $LF$ 的计算

$$LS_i = ES_i + TF_i \tag{12-14}$$

$$LF_i = EF_i + TF_i \tag{12-15}$$

（4）确定关键工作和关键线路

工作总时差为最小值的工作为关键工作，所有关键工作连成的线路为关键线路。

某工程单代号网络图，用图上计算法计算的各时间参数如图 12-8 所示。

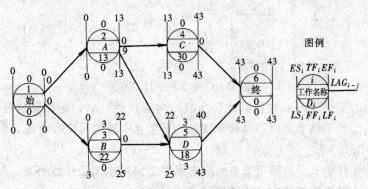

图 12-8　单代号网络图时间参数计算实例

## 12.3 双代号时标网络计划

时标网络计划是以时间坐标为尺度表示各工作时间的网络计划。在双代号时标网络计划中以实箭线表示工作，箭线的水平投影长度表示工作时间长短；虚箭线表示虚工作；以波形线表示工作的自由时差。时标网络的节点必须对准时标的位置；各工作水平投影位置与其时间参数对应；虚工作必须以垂直方向的虚箭线表示；有自由时差时以补加波形表示；时标单位根据需要可以是时、天、周、月等。

时标网络计划同时具有横道图计划与网络计划的优点，且可无需计算直接绘图，但由于绘图较麻烦，因此多用于工作数比较少的工程项目中，如某些大型工程的分部工程计划以及某些年、季、月周期性网络计划中。

### 12.3.1 双代号时标网络图的绘制

时标网络计划图绘制方法有两种：一种是直接绘制法，不经过计算，根据网络图及各工作的持续时间直接在时标表上绘制；另一种是间接绘制法，先计算一般网络计划节点的最早开始时间，然后在时标表上绘制。这里介绍直接绘制法。

某工程网络图如图 12-9 所示，直接绘制其时标网络计划的步骤如下：

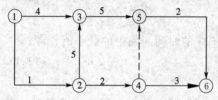

图 12-9 某工程网络图

（1）绘制时标表；

（2）将起始节点定位在时标表的起始刻度线上，如图 12-10 中节点①；

（3）按工作持续时间在时标表上绘制节点的外向箭线，箭线长度代表工作持续时间，如图 12-10 中①→②、①→③等；

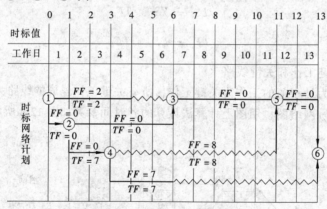

图 12-10 时标网络计划实例

（4）工作的箭头节点必须在其之前所有内向箭线绘出后，定位在这些最长箭线的末端。其他短箭线达不到节点时，补波形线达到该节点。波形长度即为该工作自由时差，如图 12-10 中工作①→③、②→③；

（5）虚箭线开始节点与结束节点之间有水平距离时也用波形线补足，如图 12-10 中的④→⑤，没有水平距离则绘制垂直虚箭线；

(6) 按上述方法自左向右依次确定各节点位置,直至终节点。

### 12.3.2 时标网络计划时间参数的确定

(1) 关键线路和计算工期

从起点到终点不出现波形的线路为关键线路,如图 12-10 中①→②→③→⑤→⑥。终节点时标值与起点时标值之差为计算工期,图 12-10 中计算工期为 13d。

(2) 工作最早时间参数的确定

按最早时间参数绘制的时标网络计划,最早时间参数应自左向右确定,每条实箭线尾节点中心对应的时标值为该工作的最早开始时间,实箭线右端末(不包括波形线)所对应时标值为工作的最早完成时间,如图 12-10 中 $ES_{2-4}=1$,$EF_{2-4}=3$。

(3) 工作自由时差

时标网络计划中,波形线水平投影长度为该工作自由时差,如图 12-10 中 $FF_{1-3}=2$,$FF_{4-6}=7$。

(4) 工作总时差

工作总时差的计算应自右向左。工作 $i-j$ 的总时差等于其各紧后工作 $j-k$ 总时差的最小值与本工作的自由时差之和:

$$TF_{i-j} = \min\{TF_{j-k}\} + FF_{i-j} \tag{12-16}$$

如图 12-10 所示,箭线或波形下方数字为该网络计划各工作的总时差。

(5) 最迟时间参数的确定

知道了 $TF_{i-j}$、$ES_{i-j}$、$EF_{i-j}$,显然,最迟时间参数很容易得到:

$$LS_{i-j} = ES_{i-j} + TF_{i-j}; LF_{i-j} = EF_{i-j} + TF_{i-j} \tag{12-17}$$

## 12.4 网络计划的优化和调整

网络计划是在一定工程条件和施工方案基础上编制的,因此是有一定约束条件的。而满足一定约束条件的网络计划有很多种方案,不同方案的效果如工期、成本、资源消耗等又有很大差别。因此,一个初始施工网络计划不一定最优,有必要在满足既定约束条件下,根据目标不断改进网络计划,如调整各工作的开工时间及各工作持续时间等,以寻求满意方案,这一过程即为网络计划的优化。网络计划的优化目标要根据工程条件和需要而定,一般分为:工期优化、资源优化和费用优化三类。

### 12.4.1 工期优化

工期优化是指当计算工期大于要求工期时,通过压缩关键工作的持续时间来满足工期要求。其步骤如下:

(1) 求出网络计划中的关键线路和计算工期 $T_c$(最好用标号法快速求出);

(2) 按要求工期 $T_r$ 计算应缩短的工期 $\Delta T$ ($\Delta T = T_c - T_r$);

(3) 根据实际投入资源的可能确定各工作的最短持续时间;

(4) 确定缩短各工作持续时间的顺序,通常满足以下因素的工作应优先缩短:①缩短时间对质量影响不大;②有充足的备用资源和工作面;③缩短持续时间所需增加的费用最少;

(5) 将优先缩短的关键工作压缩至最短持续时间,并重新找出关键线路。但要注意:原来关键工作被压缩后变成非关键工作是不允许的,应将其持续时间再延长使之仍为关键

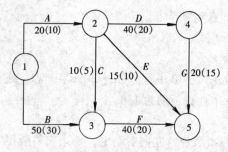

图 12-11 初始网络计划

工作;

(6) 调整后,若计算工期仍大于要求工期,则重复以上步骤,直到满足工期要求为止;

(7) 当所有关键工作持续时间都已达到最短持续时间,而工期仍不满足要求时,应对施工方案进行调整或对工期重新审定。

【例 12-2】 某网络计划如图 12-11 所示,箭线下方括号外数字为正常持续时间,括号内为最短持续时间,根据实际情况确定缩短工作持续时间的顺序为 $B \to D \to F \to E \to C \to G \to A$,要求工期 60d,试对该网络计划进行工期优化。

【解】 (1) 用标号法求出关键线路 $B \to F$,计算工期 $T_c = 90d$,见图 12-12;

(2) 缩短工期 $\Delta T = 90 - 60 = 30d$;

(3) 按优先次序首先将 $B$ 缩至最短工期 30d,再用标号法找出关键线路 $A \to D \to G$,此时计算工期为 $T_c = 80d$,见图 12-13;

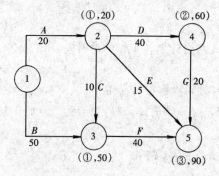

图 12-12 用标号法找出关键线路

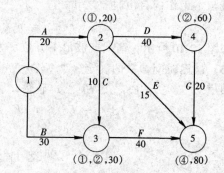

图 12-13 $B$ 缩至 30d 的网络计划

(4) 将 $B$ 的持续时间延长 10d 使之仍为关键工作,此时包括两条关键线路 $A \to D \to G$、$B \to F$,见图 12-14;

(5) 再计算缩短工期 $\Delta T = 80 - 60 = 20d$;

(6) 将 $D$ 与 $B \to F$ 线路上的一个或两个工作同时压缩,这里,按优先次序 $D$ 压缩 20d,$B$ 和 $F$ 各压缩 10d,再用标号法求出关键线路和计算工期,如图 12-15 所示,$B \to F$、$A \to D \to G$ 仍为关键工作,且 $T_c = 60d$ 满足工期要求,故优化完毕。

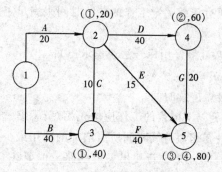

图 12-14 $B$ 增至 40d 后的网络计划

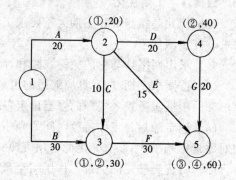

图 12-15 最后达到目标的网络计划

### 12.4.2 资源优化

#### 12.4.2.1 资源有限、工期最短优化

(1) 按最早时间参数绘制时标网络计划,并从计划的第一天起,自左向右统计每日资源需要量 $R_t$,并与资源限量 $R_a$ 比较。若 $R_t \leq R_a$,则符合要求不必调整;若 $R_t > R_a$,则应对该处平行施工的各工作进行如下调整:在不改变逻辑关系的前提下,将该处平行工作之一自左向右移动。

(2) 上述调整导致工期的延长量 $\Delta D$ 的计算:

如图 12-16 所示,$m-n$ 和 $i-j$ 原是平行工作,若 $m-n$ 不动,$i-j$ 移至 $m-n$ 之后,则由此导致的工期延长(用 $\Delta D_{m-n, i-j}$ 表示)为:

$$\Delta D_{m-n, i-j} = EF_{m-n} + D_{i-j} - LF_{i-j} = EF_{m-n} - LS_{i-j}$$
$$= EF_{m-n} - ES_{i-j} - TF_{i-j} \tag{12-18}$$

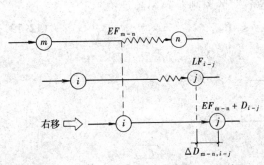

图 12-16 工作 $i-j$ 移至 $m-n$ 之后 $\Delta D$

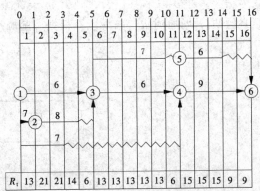

图 12-17 某工程初始时标网络计划

(3) 若 $R_t > R_a$ 的某处有多个平行工作时,可得到很多种移动方案以及很多个相应的 $\Delta D_{m-n, i-j}$,最后选择工期延长最小的方案进行移动调整。

(4) 选择 $R_t > R_a$ 的下一组平行工作,重复上述工作直至每天 $R_t \leq R_a$,即得优化方案。

例如,某时标网络如图 12-17 所示,图中箭线上方数字为资源消耗量,箭线下方为工作持续时间 $D_{i-j}$,资源限量 $R_a = 15$,则对其进行工期最短优化的过程如图 12-18、图 12-19 所示。

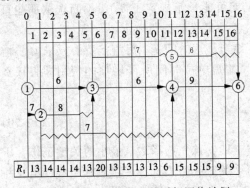

图 12-18 第一次调整后的时标网络计划

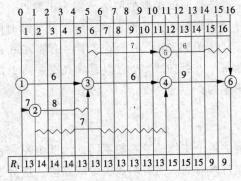

图 12-19 优化完成后的时标网络计划

#### 12.4.2.2 工期固定，资源均衡优化

是指在总工期不变的前提下，通过调整非关键工作的开工时间，使每天资源消耗量趋于均衡。这里介绍其中的一种方法——削高峰法。

（1）按最早时间参数绘制时标网络计划，确定关键线路、计算工期、统计每日资源消耗量 $R_t$；

（2）非关键工作的优化调整顺序：从终节点开始，按非关键工作的完成节点编号由大到小的顺序；同一完成节点，开工时间晚的非关键工作优先；

（3）调整方法：在自由时差（波形线）范围内，非关键工作的实箭线自左向右移动；

（4）非关键工作是否需要移动的判定原则：削峰填谷，即移动后能降低资源高峰和填补资源低谷，从而使资源消耗趋于均衡。具体判定方法如下：

如图 12-20 所示，某非关键工作 $i-j$ 第 $m$ 天开始，第 $n$ 天结束，平均每日资源消耗量为 $r_{i-j}$，若 $i-j$ 右移一天，则第 $m$ 天资源量比原来 $R_m$ 要降低，而第 $n+1$ 天资源量由原来的 $R_{n+1}$ 增加到 $R_{n+1}+r_{i-j}$，根据"削峰填谷"的原则，必须满足：

$$R_{n+1} + r_{i-j} \leq R_m \tag{12-19}$$

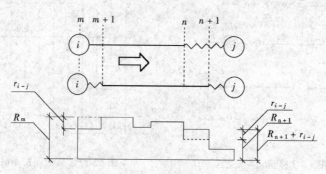

图 12-20 非关键工作移动后资源分布变化
（资源图中，虚线表示原来资源分布，实线表示移动后的资源分布）

（5）按上述原则、方法、顺序，进行其他非关键工作的调整，直到所有非关键工作都不能再调整为止，则优化完毕。

### 12.4.3 费用优化（工期—成本优化）

#### 12.4.3.1 规定工期，求成本最低的进度计划

这里需要把工期看成一个变量，而规定工期不过是工期的一种状态。首先以按各工作正常持续时间编制的网络计划为出发点（此时工期可能长于规定工期），不断选取那些直接费用率最小的关键工作，压缩其持续时间，直至满足规定工期为止。

如图 12-21 所示，某工作由正常时间 $D_{i-j}$ 压缩至最短时间 $d_{i-j}$ 后直接费由原来 $M_{i-j}$ 增至 $m_{i-j}$，把曲线 $AB$ 近似看成直线，则工作 $i-j$ 缩短单位时间所需增加的费用即直接费用率为：

$$e_{i-j} = \frac{m_{i-j} - M_{i-j}}{D_{i-j} - d_{i-j}} \tag{12-20}$$

每个工作的 $e_{i-j}$ 都不同，因此为寻求到规定工期，首先选择 $e_{i-j}$ 最小的关键工作，压缩持续时间。当有两条关键线路时，应分别在每个关键线路上选择一项工作组成一组，并满足该组两工作的 $e_{i-j}$ 之和为最小，然后对这两项工作同时压缩。这样经过多次循环，直

至满足规定工期，此时的进度计划成本最低。

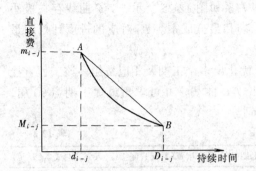

图 12-21　工作持续时间-直接费用曲线

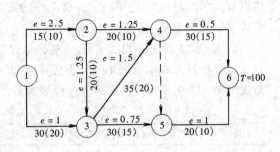

图 12-22　某网络计划图

例如，图 12-22 是各工作为正常持续时间的网络计划图。图中还包括各工作的加快的持续时间（图中括号内数字）、直接费用率 $e$、各工作总时差以及总工期 100 周。经计算该计划的直接费为：

$$S_0 = 520 \text{ 万元}$$

按上述工期-成本优化原理缩短各工作持续时间，优化至最短工期 55 周后的网络计划见图 12-23，该计划的直接费为：

$$S_1 = 597.5 \text{ 万元}$$

不经过上述工期-成本优化，各工作均采用最短时间的网络计划见图 12-24。该计划的直接费为：

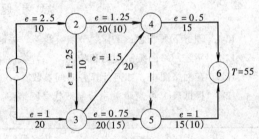

图 12-23　优化后的网络图

$$S_2 = 618.75 \text{ 万元}$$

显然盲目缩短工期至 55 周，比经优化缩至 55 周，直接费用增加 21.25 万元。

**12.4.3.2**　寻求最优工期及相应的进度计划

如前所述，图 12-22 网络计划，按照上述工期-成本优化方法，在优化至最短工期以前，可得到很多介于 55～100 周的工期 $T$，同样可得到相应的进度计划及相应的直接费 $S$。将 $T$ 与 $S$ 的关系划出曲线，如图 12-25 所示，随着工期的缩短直接费增加。

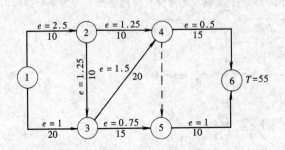

图 12-24　不作优化的最短工期网络图

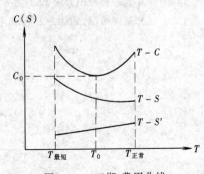

图 12-25　工期-费用曲线

工程总成本 $C$ 是由直接费 $S$ 和间接费 $S'$ 构成的,而间接费随着工期的缩短而减少,见图 12-25 中的 $T$-$S'$ 曲线。因此总成本 $C$ 与 $T$ 之间关系如图 12-25 所示,$T$-$C$ 曲线存在极小值点 $O$,$O$ 点对应的 $T_0$ 和 $C_0$ 为该工程的最优工期和最低成本。$T_0$ 对应的进度计划为最低成本、最优工期下的进度计划。

以图 12-22 为例,按照工期-成本优化方法可优化出多个工期及相应费用。该工程直接费、间接费及总成本见表 12-2。由表 12-2 可绘出 $T$-$C$ 曲线,并可求出最优工期为 90 周,总成本为 633.9 万元,相应的进度计划为最优计划。

工期-费用  表 12-2

| 工期(周) | 直接费(万元) | 间接费(万元) | 总成本(万元) | 工期(周) | 直接费(万元) | 间接费(万元) | 总成本(万元) |
|---|---|---|---|---|---|---|---|
| 100 | 520 | 121 | 641 | 75 | 546.25 | 90.75 | 637 |
| 90 | 525 | 108.9 | 633.9 | 70 | 557.5 | 84.7 | 642.2 |
| 85 | 531.25 | 102.85 | 634.1 | 60 | 580 | 72.6 | 652.6 |
| 80 | 538.75 | 96.8 | 635.55 | 55 | 597.5 | 66.55 | 664.05 |

### 思考题与习题

12-1 理解下列概念:工作、节点、线路、关键线路、关键工作、总时差、自由时差、虚工作。

12-2 阐述网络图绘制规则和步骤。

12-3 在网络图中,如何计算各时间参数?

12-4 根据表 12-3 逻辑关系绘制双代号网络图。

习题 12-4  表 12-3

| 本工作 | A | B | C | D | E | F | G | H | I | J | K |
|---|---|---|---|---|---|---|---|---|---|---|---|
| 紧前工作 | — | A | B | A | B、C | C、D | D、E、F | A、G | G | H | I、J |

12-5 根据下列关系绘制网络图。

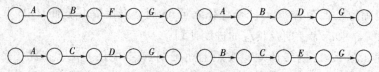

12-6 用图上计算法计算图 12-26 所示网络图各节点的 $ET_i$、$LT_i$,各工作的 $ES_{i-j}$、$EF_{i-j}$、$LS_{i-j}$、$LF_{i-j}$、$TF_{i-j}$、$FF_{i-j}$,并标出关键线路。

12-7 将图 12-26 网络图绘制成时标网络图。

12-8 某单代号网络图如图 12-27 所示。试计算各工作的 $ES_i$、$EF_i$、$LS_i$、$LF_i$、$TF_i$、$FF_i$。

12-9 已知某网络图如图 12-28 所示,箭线下方括号外数字为正常持续时间,括号内为最短持续时

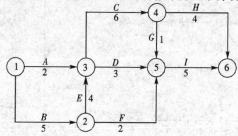

图 12-26 习题 12-6 附图

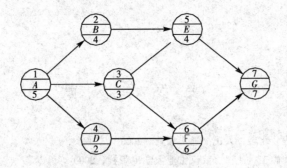

图 12-27 习题 12-7 附图

间,根据实际情况确定缩短工作持续时间的顺序为 B→D→C→E→A→F,要求工期 60d,试对该网络计划进行工期优化。

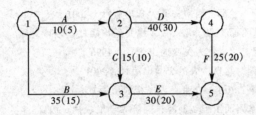

图 12-28 习题 12-8 附图

# 主要参考文献

1. 姚玲森.桥梁工程.北京：人民交通出版社，2000
2. 毛鹤琴.土木工程施工.武汉：武汉工业大学出版社，2000
3. 黄绳武.桥梁施工及组织管理（上册）.北京：人民交通出版社，1999
4. 路桥集团第一公路工程局.公路桥涵施工技术规范.北京：人民交通出版社，2001
5. 陈宝春.钢管混凝土拱桥设计与施工.北京：人民交通出版社，2000
6. 钟晖，栗宜民，艾合买提·依不拉音.土木工程施工.重庆：重庆大学出版社，2001
7. 李亚东.桥梁工程概论.成都：西南交通大学出版社，2001
8. 梁富权，刘毓栋.路基路面工程.北京：人民交通出版社，1996
9. 金效仪.路基路面工程.北京：人民交通出版社，1996
10. 邓学钧.路基路面工程.北京：人民交通出版社，2001
11. 方福森.路面工程（第二版）.北京：人民交通出版社，1998
12. 陆鼎中，程家驹.路基路面工程.上海：同济大学出版社，1992
13. 中华人民共和国交通部.公路沥青路面施工技术规范（JTJ032—94）.北京：人民交通出版社，1997
14. 中华人民共和国交通部.水泥混凝土路面施工及验收规范（GBJ97—87）.北京：中国计划出版社，1987
15. 日本道路协会.水泥混凝土路面设计施工纲要.北京：中国建筑工业出版社，1983
16. 李锡润.隧道与地下工程.沈阳：东北大学讲义，1998
17. 刘正雄.隧道爆破现代技术.北京：中国铁道出版社，1995
18. 中华人民共和国交通部.公路隧道施工技术规范（JTJ042—94）.北京：人民交通出版社，1995年
19. 陈豪雄，殷杰.隧道工程.北京：中国铁道出版社，1995
20. 《建筑施工手册》编写组.建筑施工手册（第三版）（1~5册）.北京：中国建筑工业出版社，1998
21. 贾韵琦，王毅红.工民建专业课程设计指南.北京：中国建材工业出版社，1992
22. 方承训，郭立民.建筑施工（第二版）.北京：中国建筑工业出版社，1997
23. 赵志缙，应惠清.建筑施工.上海：同济大学出版社，1997
24. 刘津明，韩明.土木工程施工.天津：天津大学出版社，2001
25. 重庆建筑大学，同济大学，哈尔滨建筑大学.建筑施工（第三版）.北京：中国建筑工业出版社，1997
26. 阎西康.土木工程施工.北京：中国建材工业出版社，2000